KB019109

열두 가지 재료로 만든

과학 샐러드

열두 가지 재료로 만든

과학 샐러드

이수종 지음

읽링북스

열두 가지 재료로만든

과학 샐러드

2020년 1월 10일 1판 1쇄 발행
2021년 8월 20일 1판 2쇄 발행

지은이 이수종
펴낸이 조민호
편집 디닷
디자인 윤민혜
펴낸곳 윌링북스 출판등록 제2019-000073호
주소 경기도 고양시 일산동구 중앙로 1124 (101-2506) 전화 02-381-8442
팩스 02-6455-9425

ISBN 979-11-967006-2-1 03400

이 도서의 국립중앙도서관 출판예정도서목록(CIP)은 서지정보유통지원시스템 홈페이지 (http:// seoji.nl.go.kr)와 국가자료종합목록 구축시스템(http://kolis-net.nl.go.kr)에서 이용하실 수 있습니다. (CIP제어번호 : CIP2019041311)

프롤로그

경계로 읽는 과학 스토리텔링

다가올 미래는 변화의 시대이다. 기술, 네트워크 같은 측면에서든 기후와 같은 환경적인 측면에서든 예측 불가능한 이러한 급속한 변화들은 인간 앞에 마치 바닷물과 민물이 만나는 기수역처럼 경계를 드리운다. 그 경계에서는 새롭게 적응한 개체만이 살아남을 수 있을 것이다. 이 책에서 다루는 건 '경계'라는 포괄적인 개념과 빅히스토리에서 얻은 아이디어로 만들어 낸 '과학 스토리텔링'이다. 이러한 방식은 즐겁게 과학 지식을 얻는 데 도움이 될 뿐만 아니라, 세상을 바라보던 단편적인 시각을 통합적으로 한 차원 끌어올려 다가올 변화에 대응하고 경계를 넘어설 수 있는 정신적인 적응력을 준다.

사실 처음에 이 기획은 학생들이 과학을 재미있게 공부할 방법을 찾는 일에서 시작했다. 과학 교사이자 두 아이의 아버지이기도 한 내 평생 연구 과제이자 목표가 있다. 즐거운 과학 공부법을 찾는 일과 아이들의 이 세상을 보는 시각이 성장할 수 있도록 돕는 일이다.

불행인지 다행인지 불혹을 넘어서야 과학을 가르치는 기쁨이 무엇인지 알게 되었다. 삼십 대 후반 한 선배 교사가 공들여 수업용 학습 자료를 만드는 모습을 보고 '아, 수업 준비는 저렇게 해야 하는구나'라는 걸 깨달았다. 그 이후 나만의 수업 방식을 찾으려고 노력했다. 우선 나의 어떤 장점을 살려서 가르칠 것인지 고민했다. 학생들이 평소에 내가 하는 옛날이야기를 좋아하니, 처음에는 재미있는 이야기를 곁들여서 가르쳐야겠다고 생각했다. 생각보다 쉽지는 않았다. 독서를 많이 하는 편이지만 과학 관련 책보다 다른 분야를 즐겨 읽기 때문에 엮어 낼 내용이 부족했다. 그때부터 과학 도서들을 적극적으로 찾아 읽기 시작했다. 확실히 수업이 풍부해졌지만, 모든 학생의 호응을 얻지는 못했다. 좀 더 친근한 방법이 필요했다. 마치 옛날이야기를 듣는 것 같은데, 수업이 끝나고 나면 과학 교과 내용도 습득할 방법은 없을까?

과학 스토리텔링(Scientific storytelling)은 이미 연구되고 있지만, 이 성과를 그대로 적용하기에는 한계가 많았다. 가장 큰 걸림돌은 정기 고사였다. 시험문제 유형이 이미 규정되어 있는 상황에서 적용할 수 있는 수업 방법은 제한적이다. 다만 현재 자유학년제와 과정 중심 평가가 보편화하면서 정기 고사가 점점 없어질 전망이어서, 앞으로도 나만의 수업 방식을 찾는 이러한 시도는 계속될 것이다.

이런 고민 과정에서 빅히스토리를 알게 되었다. (빅히스토리에 대한 자세한 내용은 이 책 말미에 실린 '세상을 보는 통합적인 눈, 빅히스토리'에서 확인할 수 있다.) 빅히스토리는 호주 매쿼리대학교 역사학과 교수인 데이비드 크리스천이 창안한 분야이다. 빅뱅에서 시작해서 지구의 탄생, 인류의 출현, 산업혁명에 이르는 과정을 열역학 법칙으로 포괄해서 설명한다. 빅히스토리에 따르면 과학, 역사, 사회 문화 등 세상의 모든 것이 서로 영향을 주고받으며 씨줄과 날줄을 형성하고 있기에 따로 떼어 내서 생각할 수 없다.

빅히스토리에도 한계가 있다. 광대한 분야를 다루기 때문에 학문의 목적과 설명이 명확하기가 쉽지 않다는 점이다. 이런 문제를 해소하려는 것이 리틀빅히스토리(LBH, Little Big History)이다. LBH란 빅히스토리에 비하면 협소한 대상(일정한 사물, 개념 등)에 집중해서 그것이 어떤 공간을 지나거나, 시간이 흐르면서 새로이 조직화하는 현상을 관찰하거나 분석하는 것이다. 예를 들어, 약 5천 년 전 지금의 러시아와 우크라이나 일대에 살던 유목민 얌나야인들은 말(horse)을 길들여 타고 유럽 북부와 중부로 진출했고, 말(인도-유럽어, language)을 퍼뜨렸다. 말 그대로 '말'이 '말'을 퍼뜨린 것이다. LBH 방식은 스토리텔링에 상당히 유용했다. 그러나 여기에도 문제점은 있었다. 모든 내용을 이런 방식으로 풀어내기는 어려웠기 때문이다.

강화도를 방문해서 예상치 못하게 '경계'라는 과학 스토리텔링에 대한 아이디어를 얻었다. 강화도에는 남과 북이 대치하고 있는 경계, 바닷물과 민물이 만나는 기수역, 도시와 시골의 경계 등 다양한 경계들이 있다. 나는 강화도의 별명을 '경계의 섬'이라고 지었다. LBH의 관점으로 바라보면 어떤 사물, 개념이 시간이 지나고 공간을 이동하면서 만드는 것이 경계다. 그래서 경계를 잘 관찰하면 변화를 관찰할 수 있고 변화를 일으키는 사물이나 개념이 무엇인지 알 수 있게 된다.

'과학'이 세상의 모든 것을 밝혀 줄 가능성은 커지고 있다. 심지어 사회현상도 진화 심리학으로 설명이 가능하다. 과학 만능을 주장하는 것은 아니다. 다만 사람들은 비교적 치열하게 과학 이론의 진위를 엄선하고, 만약 논리가 맞고 증거가 있다면 서로 언어, 나라, 종교, 인종이 달라도 쉽게 받아들이는 편이다.

이런 면에서 이 책은 성인에게도 도움이 된다. 중고등학교 때 배우는 과학은 상당한 수준이어서 세상 돌아가는 이치를 과학으로 이해하는데 충분하다. 여기에 수학을 추가하면 금상첨화이다. 물론 반론도 있을 수 있다. 세상 돌아가는 물정은 결국 경제적이고 정치적인 인간 사이의 일이기 때문이다. 하지만 정치와 경제가 돌아가는 근원은 산업이며 산업은 과학기술이 움직인다. 그래서 나는 이 책을 감히 똑똑해지는 책이라고 부르고 싶다.

'스토리텔링'은 엮는 작업이고, 실용적이다. 스토리텔링 능력이 시험 답안을 주는 건 아니지만 어떤 일을 재구성해 설명할 수 있게 한다. 당면한 문제를 파악해 설명할 수 있다면 해결할 가능성도 높다. 이런 능력을 '자생력'이라고도 할 수 있다. 인공지능이 인간의 능력을 추월하는 시대가 와도, 기후변화가 닥쳐도 자생력이 있다면 살아남을 확률이 높다. 이 책이 독자들이 경계를 탐험할 수 있는 자생력을 갖추는 데 조금이나마 도움이 되기를 바라며, 나의 과학 스토리텔링을 시작한다.

2020년 1월 이수종

• 차례 •

2부 인간은 경계를 만들고 경계는 인간을 만든다

인간의 삶을 바꾼 경계들

1.

산통은 히말라야산맥 때문이다

자연 변화는 인간의 삶을 어떻게 바꾸는가

스페인에 사는 마이클에게는 네 명의 자녀가 있지만, 평소 그는 부인에게 출산하는 고통 정도는 별거 아니라고 말했다. 부인 조디는 계속되는 망언에 지쳐 남편에게 산통 간접 체험을 권유했다. 마이클의 몸에는 고주파 기계가 연결되었다. 그때까지 마이클은 별일 아니라는 듯 누워있었지만, 기계가 작동하자 통증을 참지 못하고 '제발 그만'이라고 외쳤다. 산통 체험 후 마이클은 네 번이나 이런 고통을 이겨 낸 부인에게 그동안 자신이 한 실언을 사과했다.

인간이 겪는 최고의 고통이 바로 산통이다. 들은 바에 의하면 얼마나 아픈지 하늘이 노랗게 변한다고 한다. 놀랍게도 같은 영장류이지만 원숭이나 침팬지, 고릴라에게는 산통이 없다. 왜 인간만 산통을 겪을까? 원숭이나 침팬지와는 달리 인간의 산도는 좁기 때문이다. 인류

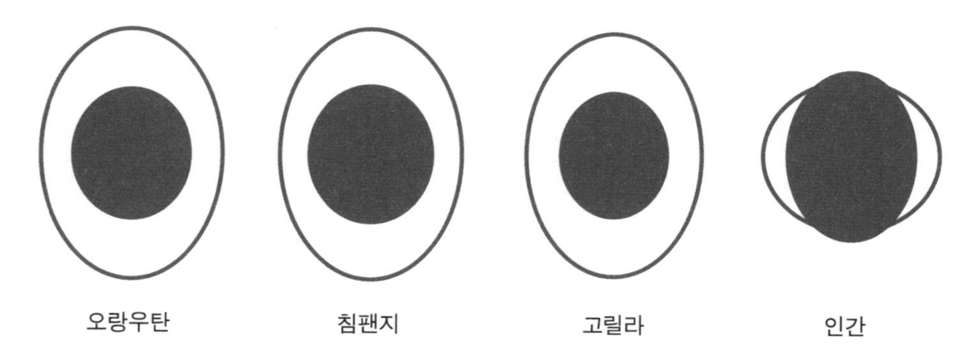

‖ 영장류의 산도 들머리와 태아 두개골의 크기 비교

의 조상이 직립보행 하게 된 후부터 산도가 좁아졌다고 한다. 불을 발견한 이래로 화식을 하게 된 인류는 효과적으로 단백질을 섭취하여 뇌가 커졌기에, 미성숙한 상태에서 태어나야만 했다. 그렇지 않으면 산도는 좁은데 태아의 머리가 커서 산모와 아기 둘 다 위험하기 때문이다.

직립보행은 인간에게 두 손의 자유로움을 주었지만, 다른 동물들에게는 없는 디스크나 산통과 같은 고통도 같이 가져다주었다. 인류의 직립보행은 언제부터 시작되었을까? 히말라야산맥의 형성에서 시작되었다는 설이 있다.

히말라야산맥의 형성과 기후변화

지구는 과거에 하나의 초대륙으로 이루어져 있었는데 지각이 이동하면서 지금과 같이 여러 대륙으로 나뉘었다. 대륙이 이동하는 힘은

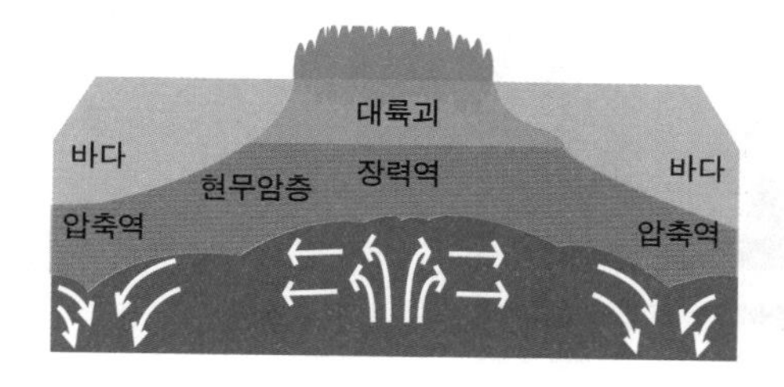

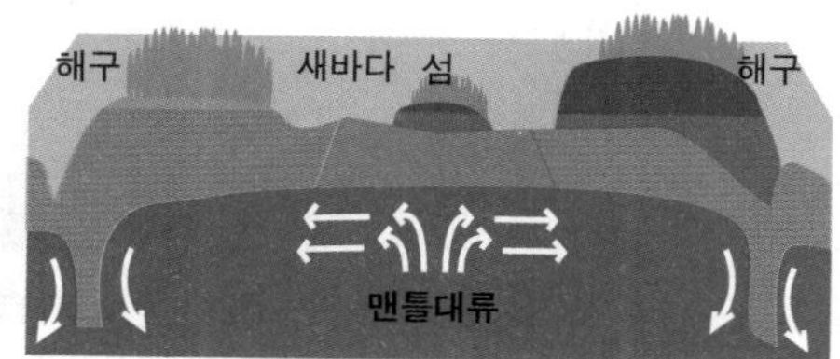

‖ 맨틀의 대류로 지각이 갈라져 새로운 대륙이 형성되는 모양

판구조론으로 설명된다. 지각은 여러 개의 판으로 이루어졌다. 이렇게 판이 여러 개로 이루어진 것은 지각 아래 맨틀이 대류 하기 때문이다. 지구 내부의 방사성원소가 붕괴하여 열을 발생시키고 그 열에 의해서 맨틀이 대류 하게 된다. 맨틀이 솟아오르는 곳 위에 있는 지각이 갈라져 대륙이 이동하게 된다.

지각이 갈라질 때는 판이 생기기도 하지만 판과 판이 충돌하기도 하는데 산맥이 이런 경우다. 18쪽의 자료 사진을 살펴보면 팔레오세(약 6000만 년 전)부터 인도 대륙이 아시아 대륙 쪽으로 북상하는 것을 볼 수 있다. 에오세(약 4000만 년 전)에는 드디어 아시아 대륙과 충돌하여 히말라야산맥이 생기기 시작했다. 이때 엄청난 양의 암석이 대기 중에 드러나게 되는데, 지표면에 드러난 지구상 암석의 82퍼센트가 이 지역에 있을 정도였다고 한다.

대기 중에 드러난 암석은 스펀지가 물을 흡수하는 것처럼 엄청난 양

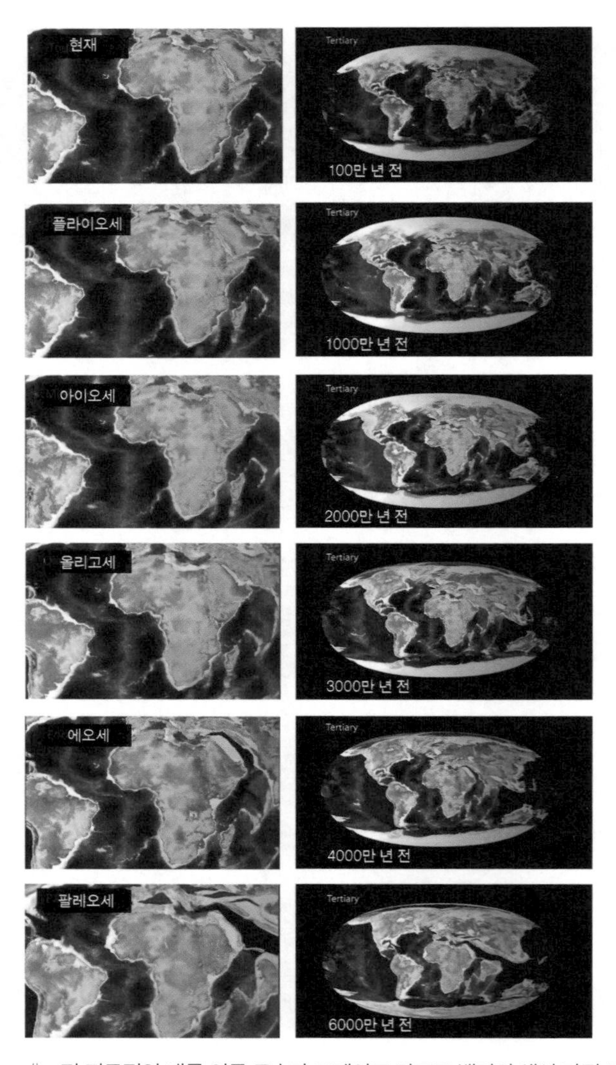

‖ 전 지구적인 대륙 이동 모습과 그레이트 리프트 밸리의 생성 과정 비교
출처 https://www.youtube.com/watch?v=uLahVJNnoZ4

의 이산화탄소를 흡수한다. 대기 중 이산화탄소의 양이 줄어들자 온실효과가 감소하여 온도가 낮아졌고 그 효과로 약 4000만 년 전부터 극점이 얼어붙기 시작했다.

이후 올리고세(3000~3500만 년)부터 아프리카 대륙이 아시아 쪽으로 당겨지고 북동쪽으로 갈라져 아라비아반도가 생겼고 사이에는 홍해가 생겼다. 그리고 그 밑으로 대지구대가 생겼다.

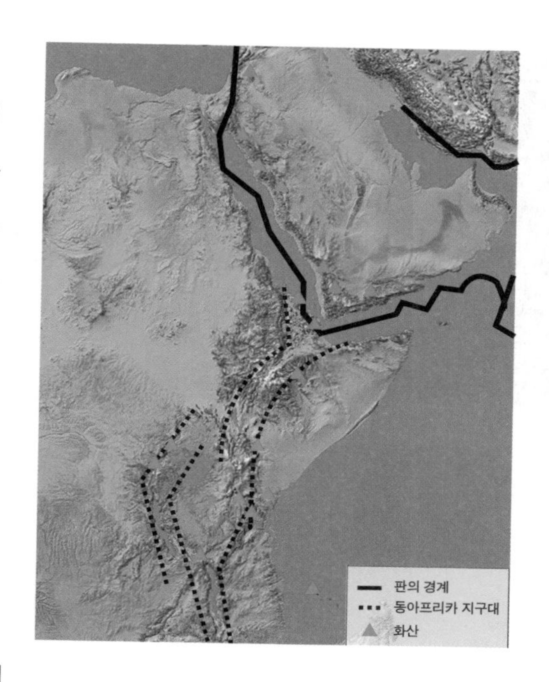

‖ 동아프리카 지구대

동아프리카 지구대는 서아시아의 시리아 북부에서 동아프리카의 모잠비크 동부에 걸쳐 아프리카 동쪽으로 발달했다. 그리고 홍해 남쪽 아파르 삼각지에서 아덴만을 따라 아라비아해로 뻗어 나간다. 거기서 동부 지구대와 서부 지구대로 갈라진다. 이를 통틀어 동아프리카 지구대라고 부른다.

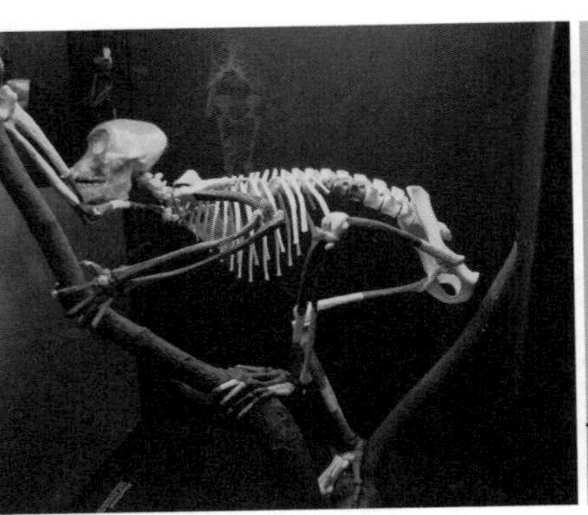

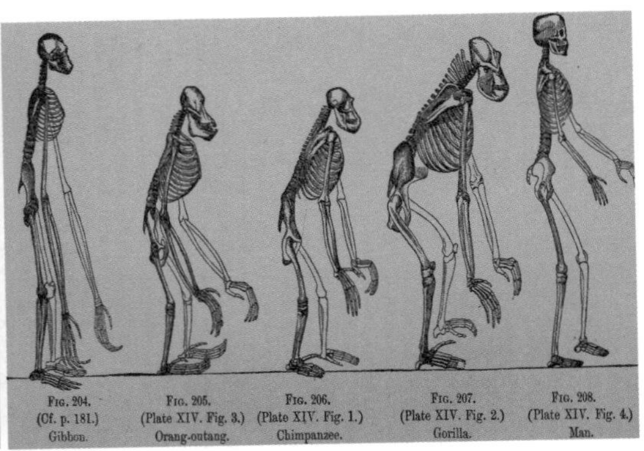

‖ 유인원과 인류의 공통 조상 프로콘술(좌)의 뼈 구조. 나무와 땅을 오가며 생활했다. 침팬지, 고릴라 등 유인원의 뼈 구조(우)

나무에서 내려온 인류의 조상

지각 모양이 계속해서 변하는 것은 지구 내부의 열을 효과적으로 방출하는 과정에서 발생하는 것으로 육지와 해저에서 모두 볼 수 있다. 해저에서는 해저산맥인 해령, 육지에서는 지구대가 그 예다. 동아프리카 지구대의 형성 과정은 이렇다. 처음에는 지각이 평탄하게 쌓여 있었다. 그런데 인도 대륙이 유라시아 대륙과 충돌하면서 동아프리카 쪽 지각이 유라시아 쪽으로 당겨졌다. 다음으로 아프리카가 경도 방향으로 갈라지면서 판과 판이 떨어졌다. 그 사이로 지각 아래 맨틀이 대류 하면서 틈으로 마그마가 솟아올라 화산이 폭발하면서 대지구대가 생겼다.

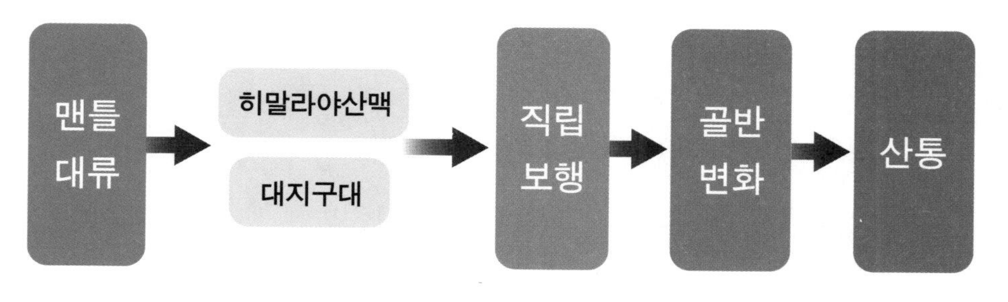

‖ 산통이 발생한 과정

대지구대의 폭은 50킬로미터 정도이며 길이는 4000킬로미터나 된다. 이때 생긴 대지구대로 인해 동쪽의 비구름이 막혔고, 서쪽에 비가 내리지 않아 건조한 사바나 지역으로 변하게 되었다.

살던 곳이 사바나 지역으로 변해 나무가 줄어들자 인류의 조상은 나무 위 생활을 지속할 수 없었다. 나무에서 내려온 가운데 몇은 생존을 위해 직립보행을 시작했다. 직립보행의 가장 큰 대가는 출산의 고통이다. 영장류는 쭈그려 앉아서 아기를 낳을 수 있다. 그런데 인류의 조상은 걷기 시작하면서 골반이 작아질 수밖에 없었고 출산할 때 다른 누군가의 도움이 필요하게 되었다. 히말라야산맥의 생성은 인간을 걷게 했지만, 산통도 선물해 준 셈이다. 또한 출산 때 누군가의 도움이 필요한 것은 사회적 연대가 발달하는 계기가 되었다.

히말라야산맥에게 받은 또 다른 선물은 색각(색을 분별하는 감각)이다.

기후변화로 야자수나 무화과나무가 사라지고 나뭇잎만 잔뜩 달린 풀들이 자라는 숲이 되었지만, 이 풀을 모두 먹을 수 있는 건 아니었다. 결국 영장류 가운데 색을 분별할 수 있는 개체만 살아남게 되었다. 구대륙 영장류는 인류와 구별 가능한 색이 유사한 반면, 신대륙 영장류는 볼 수 있는 색의 종류가 적은데, 심지어 일부 수컷은 색맹이다.

날씨와 국민성

비타민D는 칼슘과 인을 흡수하고 이용하는 데 필요하여 뼈를 튼튼하게 한다. 비타민D는 햇볕만 잘 쬐면 체내에서 생성되기 때문에 따로 챙길 필요가 없다고 알려져 왔다. 우리나라는 햇살이 좋은 날이 많기에 이런 생각이 널리 퍼진 것 같다. 건강보험심사평가원에 따르면 국내에 비타민D 결핍증 환자는 2014년 3만 명이 넘었고, 2016년 거의 7만 명에 달해 2년 사이에 2배 이상 증가했다. 게다가 볕을 쬔다고 무조건 비타민D가 생성되는 것도 아니다. 비타민D 가운데 D2는 효모나 식물에 있으며, D3는 피부세포 속 7-하이드로콜레스테롤이 햇볕을 받으면 생성된다. 우리가 필요한 것은 D3이다. 자외선은 파장의 길이에 따라 UVA, UVB, UVC로 나뉘는데 UVB가 비타민을 생성하는 데 도움을 준다. 그런데 UVB는 유리창을 통과하지 못한다.

햇볕은 비타민D뿐만 아니라 행복 호르몬이라는 별명을 가진 세로토닌도 만든다. 만일 햇볕을 충분히 쬐지 못하고 살면 어떻게 될까? 온몸이 아프고 짜증을 부리게 된다. 이런 과학적인 지식이 없어도 국민성을 보면 그 나라의 날씨를 추측할 수 있다. 예를 들면 이탈리아인들은 유쾌한 것으로 유명한데 이 나라는 쾌청한 날이 많다. 이에 비해 독일이나 영국 사람들은 엄격하고 보수적이며 딱딱한 면이 있다고 알려져 있다. 독일이나 영국은 날씨가 흐릴 때가 많다. 이렇게 보면 인간의 성격에는 날씨의 영향도 꽤 크다고 할 수 있지 않을까?

2.

야생 여우를 길들이다

은여우 가축화와 빅히스토리의 경계

개냥이라는 신조어가 있다. 쌀쌀맞고 새침하다고 알려진 고양이가 강아지처럼 사람에게 친근하게 행동하는 걸 가리키는 말이다. 고양이에 대한 일반적인 이미지는 인간한테 별 관심이 없는 모습이다. 이에 반해 개는 사람에게 충성하고 반기며 꼬리를 흔드는 등 애정을 갈구한다. 개는 좋아하는데 고양이를 싫어하는 사람이 있다면 그들의 이런 행동 때문일 것이다. 물론 그런 고양이의 태도를 오히려 더 좋아할 수도 있지만 말이다. 여기서 이런 의문이 든다. 과거에도 개냥이가 있었을까?

기억을 더듬어 보면 과거에 고양이를 무조건 '나비'라고 부르는 사람들이 있었다. 시골에서 할머니들이 '나비야' 부르면 고양이가 '야옹' 하고 대답했다. 그러다가 가까이 가면 고양이가 할퀴기도 한다고 들었다. 그때는 '왜 사람을 공격하는 녀석을 키우지?'라는 생각이 들었고 사실 지금도 어느 정도는 그렇다. 도도한 태도를 보이거나 할퀴어도 고양이를 모신다고 '집사'라고 부를 정도로, 고양이를 사랑하는 사람이 늘어나고 있는 것은 확실하다.

과거보다 현재 고양이들이 비율상 훨씬 개냥이 성격이 많은 것 같다. 이유는 두 가지 정도일 것이다. 먼저 사람들이 잘 따르는 고양이를 선택해서 더 많이 키운다. 길고양이는 여전히 대부분 사람을 경계한다. 이들 가운데는 사람에게 버림받았거나 학대받은 고양이도 있을 것이고, 그런 개체 사이에서 태어났을 확률도 높다. 개냥이 성향 고양이가 전체 고양이 집단에서 차지하는 비율은 변하지 않았는데, 다정한 성격의 고양이를 주위에서 볼 기회가 더 많아서 착각하는 것이다.

다음으로는 고양이 전체 종의 성향 자체가 변했을 가능성도 있다. 사람들이 잘 따르는 고양이를 좋아하다 보니, 이러한 개체가 생존에 더 유리하다. 이들이 더 많은 자손을 퍼뜨리면서 전체적으로 개냥이 성향의 고양이가 많아진 것이다.

어떤 쪽이 맞을까? 이 물음을 해결하려면 자연선택이 무엇인지 알아야 한다.

개의 가축화와 품종 개량

개와 늑대는 다른 종이지만 인위적으로 교배할 수 있다. 둘 사이에 태어난 새끼는 늑대개가 된다. 다른 종이면 교배가 이루어지지 않는다는데, 왜 늑대와 개는 교배가 가능할까? 자연 상태에서 교배가 이루어지지 않으면 다른 종으로 구분하기 때문이다.

실험에 의하면 개는 문제를 해결할 때 인간에게 의지하는 습성이 있다. 반면 아무리 길들인 늑대라도 인간에게 의존하지 않는다. 가축화와 길들이는 것은 다르다. 야생동물도 어릴 때부터 보살피면 어느 정도 길들일 수 있지만, 가축화는 유전적 변화가 동반된다. 기록에 의하면 개의 가장 오래된 유전자는 3만 년이라고 한다. 그런데 개가 인간에 의해 가축화된 것은 7천 년 전으로 추정하고 있다. 이미 개는 늑대로부터 분리되어 유전적으로 가축화될 준비가 되어 있었다고 할 수 있다. 인간에게 길들면서 가축화로서 개의 특성이 강화된 것이다.

지난 백 년 동안 개의 변화를 보면 진화의 과정이 어떻게 진행되는지 유추할 수 있다. 개 품종의 하나인 잉글리시 불독은 얼굴 주름과 짧은 다리 때문에 좋아하는 사람이 많다. 이런 형질을 가진 개체를 선택해서 교배한 결과 현재와 같이 극단적인 모습을 하게 되었다. 이런 모습 때문에 자연 교배를 할 수 없을 지경에 이르렀다고 한다.

닥스훈트도 마찬가지로 다리가 비정상적으로 짧아져서 허리에 이상이 생길 정도다. 바셋하운드는 길고 축 늘어진 귀를 좋아하는 사람들 때문에 마치 아기 코끼리 점보 같은 모습을 가지게 되었다. 퍼그는 극단적인 단두종으로 이 때문에 고혈압, 심장병, 저산소증, 호흡 곤란, 발열, 치아 문제가 있다. 접힌 꼬리 때문에 피부염에도 시달린다고 한다.

다윈은 평생 개를 길렀으며, 매우 좋아해서 항상 관심을 가지고 관찰했다고 한다. 그는 갈라파고스 각 섬마다 핀치새의 부리 모양이 다른 것을 발견했는데, 서식 환경이 서로 달라 핀치새가 주로 먹는 먹이에 따라 부리 모양이 적응한 것이다. 다윈은 개의 품종 개량 사례와 핀치새의 부리 사례를 바탕으로 진화의 메커니즘을 자연선택이라고 결론 내린다.

인간의 선호에 따라 개의 형질이 변했듯이 자연선택으로 핀치새의 부리도 변했다는 것이다. 개의 사례에 이어 다른 야생동물이 인간의 선호에 따라 변한 사례도 찾아볼 수 있다.

은여우 교배 실험

1959년 구소련 유전학자 드미트리 벨랴예프는 은여우의 모피를 얻으려고 가축화 실험을 시작했다. 그는 실험을 위해 은여우를 세 집단으로 나눴다. 첫 번째는 먹이를 주면 도망치거나 공격하는 집단, 둘째는 손길은 허락해도 인간에게 별 관심이 없는 집단, 셋째는 인간에게 호

닥스훈트

바셋하운드

퍼그

‖ 개 품종의 진화

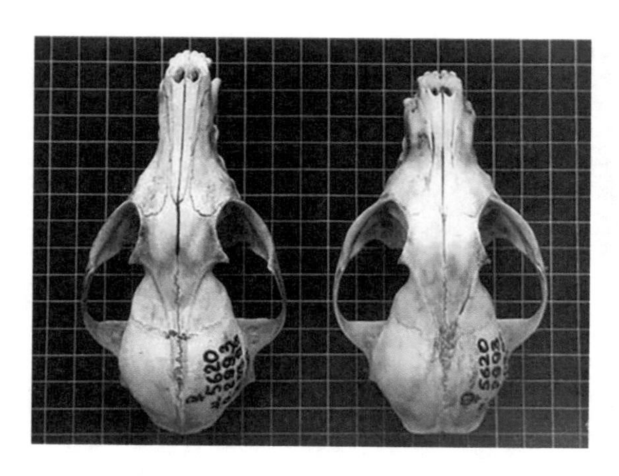

‖ 은여우의 두개골의 변화

의적으로 접근하는 집단이었다. 그는 은여우를 쉽게 사육하려고 인간에게 호의적인 개체끼리만 교배했다.

이후 6세대가 지났다. 그러자 위에서 구분한 것과는 다른 제4의 집단이 발생했다. 이 집단은 인간에게 호의적인 선을 넘어서 관심을 끌기 위해 끙끙거리고 냄새를 맡는 등 마치 개가 하는 것과 비슷한 행동을 했다. 제4의 집단은 세대가 거듭될수록 늘었는데 35세대가 지나자 은여우의 70~80%가 개와 유사하게 가축화되었다. 놀라운 일은 성향만이 아니라 생체 구조와 형질도 변했다. 머리뼈가 넓어지고 코뼈가 짧아졌다. 야생에서는 먹이를 사냥해야 하지만, 가축화되면서 공격성이 떨어졌기 때문으로 분석할 수 있다.

‖ 야생 상태의 은여우

흥미로운 현상은 예상치 못한 부차적 효과들이다. 이 길든 여우는 멀리서도 사람을 보면 달려와 만져달라고 조르며 꼬리를 치게 되었다. 행동만이 아니라 모습도 개를 닮아가기 시작했다. 원래 은빛이던 털에 흑백 얼룩 반점이 생겼으며, 여우 특유의 쫑긋한 귀도 사라졌다. 탐스럽게 늘어진 꼬리는 위로 말려 올라갔다. 일 년에 한 번인 발정기의 주기도 개와 동일하게 일 년에 두 번으로 변화했고, 원래 고양이와 비슷하던 울음소리도 개의 짖는 소리와 비슷해졌다. 가축화된 여우의 새끼들은 야생 여우보다 눈을 일찍 뜨고 두려움에도 반응이 빨라졌다.

처음 은여우를 길들인 목적은 가축화로 모피를 얻는 것이었지만, 이는 유전적 변이로 실패했다. 벨랴예프가 죽은 후에도 실험은 계속되어

40세대 이상 교배가 이루어졌다. 구소련이 붕괴하면서 지원이 끊기고 늘어나는 개체를 감당하지 못하게 되었지만, 은여우를 애완동물로 삼는 사람들이 생겼다. 가축화된 은여우는 비싼 가격으로 거래되고 있고 농장은 계속 운영 중이다. 개채군의 선택적인 증식을 재촉하는 화학적, 생물적 요인인 선택압(選擇壓)이 작용한 것이다. 첫 번째는 은여우의 모피를 얻기 위한 인간의 의도였지만 실패했다. 두 번째의 경우는 사람들의 애완동물을 키우는 성향이 적절하게 작용했다. 이것이 선택압의 작용이다.

우리나라에는 아직 낯선 '퍼리 팬덤(furry fandom)'이라는 집단이 있다. 털 달린 동물을 소재로 한 영화와 애니메이션으로 형성된 퍼리 팬덤은, 우리나라 말로 굳이 번역하면 '수인(獸人)러'로 표기할 수 있다.

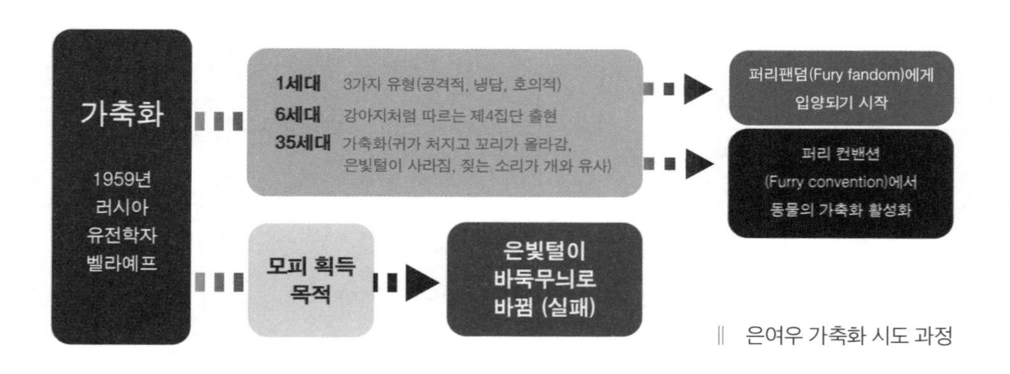

‖ 은여우 가축화 시도 과정

|| 퍼리 팬덤

즉 인간적 특징이 가미된 동물의 생김새에 매력을 느껴 좋아하는 사람들의 모임이다. 이들이 모여서 수인축제(Furry Convention, Furry-con)을 열기도 한다. 이 축제에서는 다양한 동물 관련 공예품, 옷 등을 판다. 이들은 야생동물을 길들이는 것을 좋아하는데, 가축화된 은여우를 얻을 수 있다면 기꺼이 거금을 지불한다. 이들이 가하는 선택압이 은여우를 가축화하고 있다.

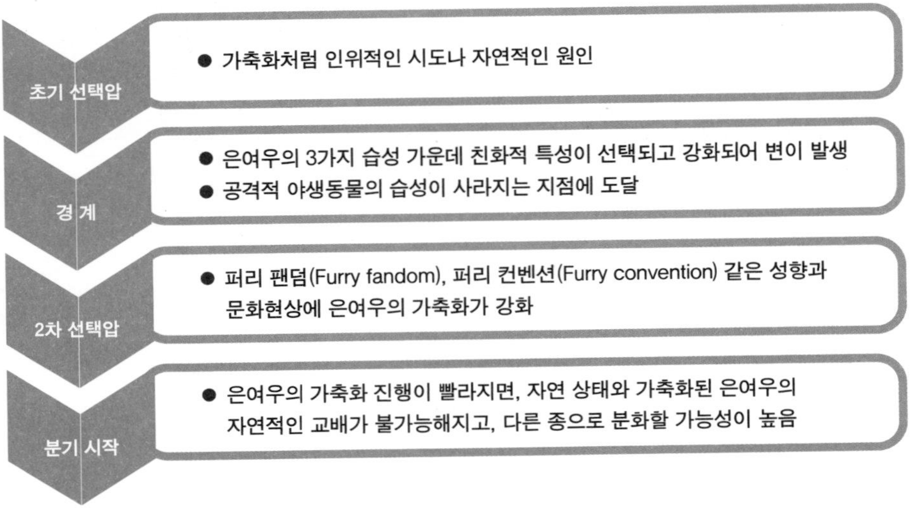

단계	내용
초기 선택압	● 가축화처럼 인위적인 시도나 자연적인 원인
경계	● 은여우의 3가지 습성 가운데 친화적 특성이 선택되고 강화되어 변이 발생 ● 공격적 야생동물의 습성이 사라지는 지점에 도달
2차 선택압	● 퍼리 팬덤(Furry fandom), 퍼리 컨벤션(Furry convention) 같은 성향과 문화현상에 은여우의 가축화가 강화
분기 시작	● 은여우의 가축화 진행이 빨라지면, 자연 상태와 가축화된 은여우의 자연적인 교배가 불가능해지고, 다른 종으로 분화할 가능성이 높음

‖ 은여우 가축화 사례의 경계 생성

경계는 어떻게 만들어지는가?

빅히스토리에서는 엔트로피가 낮아지는 지점을 전환점, 또는 임계국면이라고 한다. 전환점은 크게 여덟 가지가 있다. 빅뱅에서부터 별의 출현, 원소의 출현, 태양계와 지구, 지구의 생명체, 인류의 집단학습, 농경, 근대 혁명이 바로 그것이다. 이외에 성의 탄생과 네트워크의 출현을 추가하기도 한다. 이러한 우주적 관점에서의 큰 전환점도 있지만, 지구 생명체의 탄생 아래에는 광합성, 진핵생물, 다세포생물, 뇌, 육지, 포유동물 같은 작은 전환점도 속해 있다.

은여우가 야생에서 가축으로 변하는 과정도 전환점이다. 전환점을 좀 더 쉽게 이해할 수 있는 용어를 고르자면 '경계'라고 할 수 있다. 우리 주위에도 경계는 수없이 많다. 과학에서 가르치는 거의 모든 대상이 경계이다. 예를 들어 온도가 올라가면서 얼음이 물이 되고, 물이 수증기가 된다. 얼음이 액체가 되는 것을 액화, 물이 수증기가 되면 기화, 수증기가 다시 물이 되는 것을 응결, 물이 얼음이 되는 것을 응고라고 한다. 얼음이 물을 거치지 않고 바로 수증기가 되거나, 수증기가 물을 거치지 않고 바로 얼음이 되는 것을 승화라고 한다. 이것을 물의 상태 변화라고 한다. 물이 얼음이 되는 과정은 0℃ 이하일 때이므로 물과 얼음의 경계를 온도로 알 수 있다. 포유류는 심장이 2심방 2심실이고 파충류는 2심방 불완전 2심실이다. 심장 구조는 포유류와 파충류를 분류하는 경계이다.

표를 보면 은여우 사례를 중심으로 경계가 어떻게 만들어지는지 알 수 있다. 초기 선택압에 의해 잠재되어 있던 은여우의 유전자가 강화되면서 새로운 형질을 가진 은여우가 형성된다. 야생에서 필요한 보호색인 털, 사냥에 유리한 길고 좁은 주둥이, 민첩한 행동에 유리한 밑으로 처진 꼬리, 낯선 대상을 의심하는 본능, 주위 변화에 쉽게 흔들리지 않는 냉철함 등이 먼저 사라졌다. 다음으로 가축화된 동물에게 나타나는 습성과 외모로 변화하는 과정 즉, 경계가 만들어진다.

적응하는 생물들

경계가 만들어지는 과정에 주목하면 생물의 특징 중 하나인 '적응'이 무엇인지도 알 수 있다. 변화 과정을 살펴보면 변화를 일으키는 것이 생물체에 내재되어 있는 유전자임도 유추할 수 있다. 중요한 것은 아무리 자연현상이라도 인간에 의한 영향까지 분석해야 정확한 원인을 알 수 있다는 것이다. 인간의 활동이 자연을 변화시킬 수 있는 선택압으로 작용할 수 있기 때문이다. 이 과정을 지나면 분기가 시작된다.

분기되는 방식은 두 가지 설이 대립하고 있다. 첫 번째는 계통점진설로 분기 과정이 천천히 이루어졌다는 견해다. 다윈 역시 생물이 점진

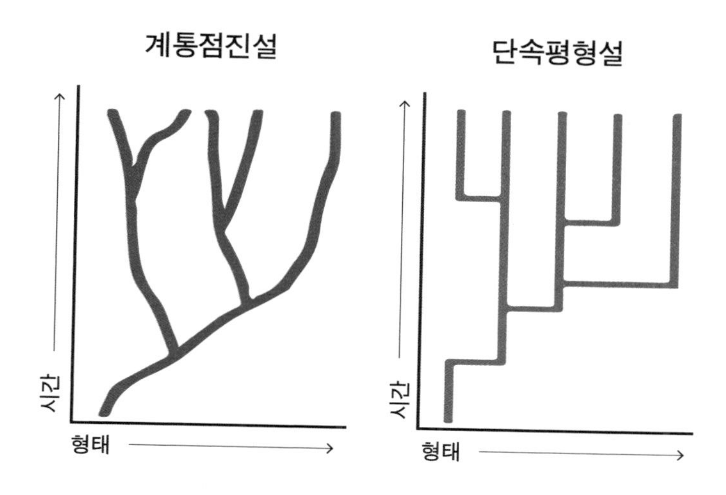

‖ 두 가지 분기 과정

적으로 진화한다고 생각했다. 하지만 실러캔스, 투구게, 앵무조개, 뉴질랜드의 쐐기도마뱀, 은행나무 등 오랫동안 변하지 않고 지금까지 존재하는 생물들도 상당히 많다. 지층의 화석을 조사해 보면 다양한 생물이 오랫동안 변하지 않고 그 모습 그대로 지속해 왔다. 진화가 진행되는 과정이 관찰되어야 하는데 그런 증거가 나타나지 않는다.

이 물음에 답하는 것이 두 번째 가설 단속평형설이다. 대격변에 의해 급격하게 분기가 이루어진다는 견해로, 급격한 환경 변화로 진화가 일어난 후 안정기를 맞으면서 다시 평형을 유지한다는 주장이다. 두 견해는 현재 학계에서 대립하고 있으며, 아직 어느 한쪽이 맞는 것으로 결론 나지는 않았다.

계통점진설과 단속평형설 가운데 어느 쪽이 맞거나 틀린다고 해도, 생물이 출현한 후 진화의 과정을 거쳐서 다양하게 분기한 것은 사실이다. 그렇기에 현재 수많은 생물이 여러 모습으로 존재하고 있다.

반려동물의 진화 방향

'필요는 발명의 어머니'라는 명언이 있는데, 이 영역이 생물에까지 이르고 있다. 늑대에서 가축화된 개의 다양한 품종 변화는 물론이고 파란색 장미, 씨 없는 수박 등도 인간을 만족시키려는 노력이 만들어 낸 생명체이다. 이런 선택압은 대부분 경제적인 측면에서 이루어진 것인데, 특히 반려동물을 향한 인간의 애정은 엄청난 시장을 만들고 있다. 2027년에는 우리나라 반려동물 연관 산업 규모가 6조 원을 넘어설 거라고 한다. 선호가 문화를 만들고, 문화가 시장을 창출하고, 시장이 진화를 만든다.

고양이를 키우는 사람들이 늘어남에 따라 다정다감한 성격의 '개냥이', 고양이를 모시는 '고양이 집사'라는 신조어도 생겼지만, 절대 충성의 상징으로 알려진 개들이 주인을 무는 경우도 왕왕 나타난다. 물론 동물이니 그런 경우야 어쩔 수 없이 생길 수 있겠지만, 주인이 폭력을 휘두르거나 위협한 경우가 아니라면 대부분 강아지를 너무 애지중지한다거나 잘못된 교육 때문이었다. 이제 반려동물이 가족의 구성원이라는 인식이 커지고, 집안에서 사는 작은 강아지들이 막둥이나 마스코트 같은 대우를 받게 되면서 서열상의 변화가 일어났기 때문이다. 인간의 반려동물 사랑이 이 동물들을 어디까지 변화시킬지, 또 이들이 가진 성향이 어디까지 밝혀질지 두고 볼 일이다.

3.

말Horse이 말Language을 퍼뜨리다

생물은 어떻게 경계를 넘었나

여기 한 아이슬란드인과 스리랑카인이 있다. 둘의 외모는 확연하게 구분된다. 한쪽 피부는 밝고, 다른 쪽은 어둡다. 옅은 머리 색과 흑발, 눈도 옅은 색과 짙은 색으로 서로 다르다. 서로 다른 인종임을 한눈에 알 수 있다. 그런데 의외의 공통점이 존재한다. 이들이 사용하는 언어가 인도-유럽어족이라는 점이다. 서로 완전히 다른 두 국가의 사람이 쓰는 언어의 뿌리가 같다니 놀라운 일이다. 더군다나 아이슬란드와 스리랑카는 아주 멀리 떨어져 있다. 아이슬란드어와 신할리즈어는 어떻게 같은 언어군에 속하게 된 걸까?

인도-유럽어의 기원

인도-유럽어는 고대 인도에서 사용했던 산스크리트어를 비롯해서

‖ 아이슬란드인(좌)과 스리랑카인(우)

영어, 독일어 등 유럽과 서아시아, 남아시아 사람들이 사용하고 있으며 유럽 식민지의 확장에 따라 아메리카, 아프리카까지 전파되어 현재 30억 명 정도가 사용한다.

인도-유럽어의 기원에 대해서는 여러 가설이 있지만 두 가지가 가장 유력하다. 첫 번째는 아나톨리아 가설(Anatolian hypothesis)이다. 약 8천~9천 년 전 사이 중동 지역에 살던 농부에 의해 확산되었다는 것이다. 두 번째로는 스텝 가설(Steppe hypothesis)이다. 쿠르간 가설(Kurgan hypothesis)이라고도 한다. 약 5천~6천 년 전 사이에 유라시아 스텝 지대에서 양치기에 의해서 확산되었다는 것이다.

2015년 하버드의과대학교의 집단유전학자 다비드 라이히 연구팀은

8천 년에서 3천 년 전 유럽에 살았던 94명의 유골에서 채취한 DNA를 분석했다. 연구 결과 8천 년에서 7천 년 전 사이에 중동 출신의 농부가 유럽으로 이주했다는 것을 밝혀냈다. 그리고 지금으로부터 약 5천 년 전에 현재 러시아와 우크라이나 일대에 거주하고 있었던 얌나야 유목민(Yamnaya herders) 양치기의 DNA와 4500년 전 독일 지역에서 살았던 사람의 DNA가 상당 부분 일치함을 밝혀냈다.

인도-유럽어를 퍼트린 진짜 주인공은 누구일까? 몇 년 전 결정적으로 스텝 가설을 지지하는 연구 결과가 발표되었다. 덴마크 코펜하겐 자연사박물관의 고대유전학자 모르텐 알렌토프트와 에스케 빌러슬레프가 이끄는 팀은 기원전 3천 년부터 서기 7백 년에 이르는 기간에 유라시아에 거주하던 101명의 유전체를 분석했다. 그 결과 청동기시대가 시작될 때 유럽 북부와 중부에 살았던 사람들의 유전체 구성이 크게 변했다는 것을 발견했다.

얌나야 사람들은 우유를 소화할 수 있는 유전자를 가지고 있었는데 얌나야인이 이주하기 전 유럽인들은 이 유전자를 가진 경우가 드물었다. 이러한 연구 결과는 스텝 가설에 힘을 실어 준다. 북유럽인의 기원이 얌나야 유목인이라고 추정할 수 있기 때문이다. 동쪽에서 유럽으로 대규모 이주가 있었다는 것이 증명되었고, 이주가 언어에도 영향을

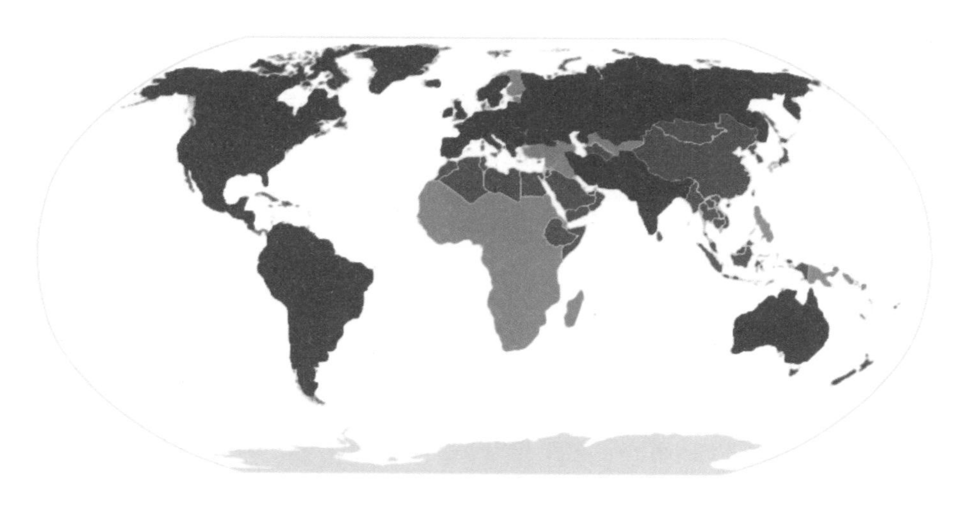

‖ 인도-유럽어족 사용 분포

미쳐 유럽인들이 인도-유럽어를 사용하게 되었다는 것이다.

유전체 분석으로 이주가 증명되었지만, 아직도 스텝 가설이 인도-유럽어의 기원을 완전히 설명하기에는 무리가 있어 보인다. 훨씬 동쪽 지역에서 인도-유럽어를 사용하고 있는 인도와 이란을 설명하기에 부족하기 때문이다. 이곳에서도 몇천 년 전 거주한 사람들의 DNA를 채취해 동일함을 증명해야 한다. 그러나 중동과 남아시아의 더운 기후 때문에 동 시간대 DNA가 잘 보존된 표본을 찾기 어려울 것으로 보인다. 앞으로 이를 보완하는 연구가 이루어져야 할 것이다.

중부 유럽으로 진출한 얌나야인

얌나야 유목민은 어떻게 자신의 언어를 전파할 수 있었을까? 엑스터 대학교의 고고학자 앨런 아웃트램 교수는 초기 인도-유럽어를 사용한 얌나야인이 최초로 말을 길들여서 그들의 언어를 퍼뜨리게 되었다고 주장했다. 얌나야인은 소 떼와 양 떼를 몰고, 새로 길들인 말을 타고 중부 유럽으로 진입했다. 대부분 남성이고 소수의 여성이 포함되어 있었다. 이들은 당시 유럽인보다 키가 컸다고 한다. 큰 키의 얌나야인 남성들은 중부 유럽 농부의 딸들과 결혼했다. 이런 결론은 매장지를 발굴한 결과 암나야인 남성과 중부 유럽 지역 여성이 같이 매장되어 있었기 때문에 얻을 수 있었다.

인류학 연구 결과를 보면 많은 부족이 외부인과 결혼해 족내혼으로 발생하는 유전병을 막으려 했다. 우월한 신체 조건의 얌나야인이 나타나자 유럽인은 자연스럽게 그들과 결혼했다. 이렇게 유럽인은 얌나야인에게서 유당을 소화하는 능력과 큰 키를 선물 받은 셈이다. 그리고 언어마저도 영향을 받았다. 이 모든 것은 얌나야인이 말을 가축화해서 가능해진 일이었다.

말의 진화

말의 진화는 북미 대륙에서 이루어졌다. 유럽 대부분의 말은 다른

‖ 몸집이 작은 말의 조상

지역에서 이주해 왔다. 초기 말은 숲속에서 나뭇잎을 먹고 살던 고양이 정도 크기의 조그마한 동물이었다. 그러다가 초원화가 시작되면서 천만 년 전 폭발적으로 다양하게 분화했다.

4백만 년 전 현생 말인 에쿠스(Equus)가 출현했다. 260만 년 전 플라이오세 후기 빙하시대에 에쿠스만 제외하고 나머지는 북미 대륙에서 멸종하였다. 살아남은 에쿠스는 다른 대륙으로 퍼져 나갔고 지금은 여덟 종의 말, 즉 아프리카당나귀, 아시아당나귀, 오나거, 캉당나귀, 그

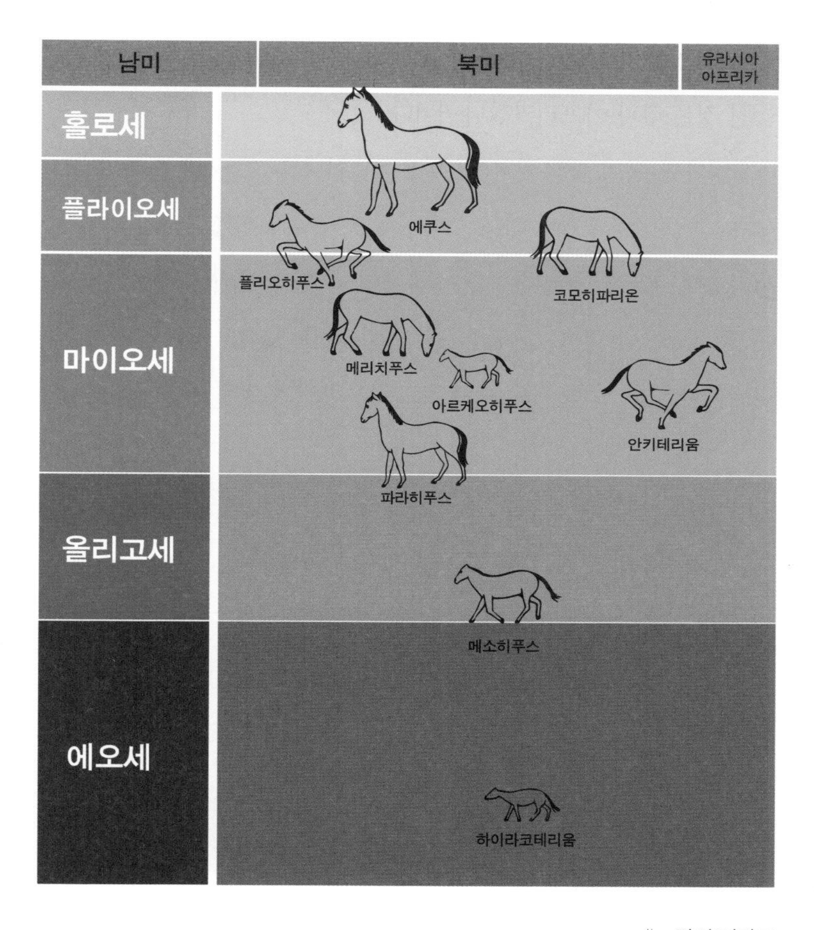
남미
북미
유라시아
아프리카
홀로세
플라이오세
마이오세
올리고세
에오세
에쿠스
플리오히푸스
코모히파리온
메리치푸스
아르케오히푸스
안키테리움
파라히푸스
메소히푸스
하이라코테리움

‖ 말의 진화도

레비얼룩말, 산얼룩말, 평야얼룩말로 분화되었다. 이 가운데 인류가 길들인 것은 말과 아프리카당나귀이다.

그렇다면 북미 대륙에 살던 말은 다 어디로 갔을까? 플라이스토세(260만~1만 년 전) 후기에 대부분의 거대 포유류가 멸종했는데 이때 말도 사라졌다. 멸종의 원인은 기후변화이며, 추위로 북미 대륙으로 이주해 온 몽골리안이 말을 잡아먹어서 멸종이 가속화된 것으로 추정된다. 몽골리안은 왜 말을 이동 수단으로 이용하지 못했을까?

얌나야인이 살던 유라시아 대륙은 위도상으로 가로로 넓게 퍼져 있다. 양쪽 어디로 가도 기후가 비슷해서 이동할 수 있는 여건이 형성되어 있다. 아메리카는 대륙이 경도상으로 펼쳐져 있다. 따라서 먼 거리를 이동할 필요성이 그다지 많지 않았을 것이다. 몽골리안은 아메리카 대륙에 정착한 후 대륙 전역에 퍼져 잉카, 마야, 아스테카문명을 독자적으로 발전시켰다. 바퀴를 사용하지 않은 것으로 보아 이들에게는 수레가 없었고, 이것은 장거리를 이동하지 않았다는 증거다. 소나 말이 없었기 때문으로 추정된다.

재러드 다이아몬드는 그의 책 《총, 균, 쇠》에서 중앙아메리카 제국은 1100킬로미터 떨어진 미국 동부의 인디언 사회나 1900킬로미터 떨어

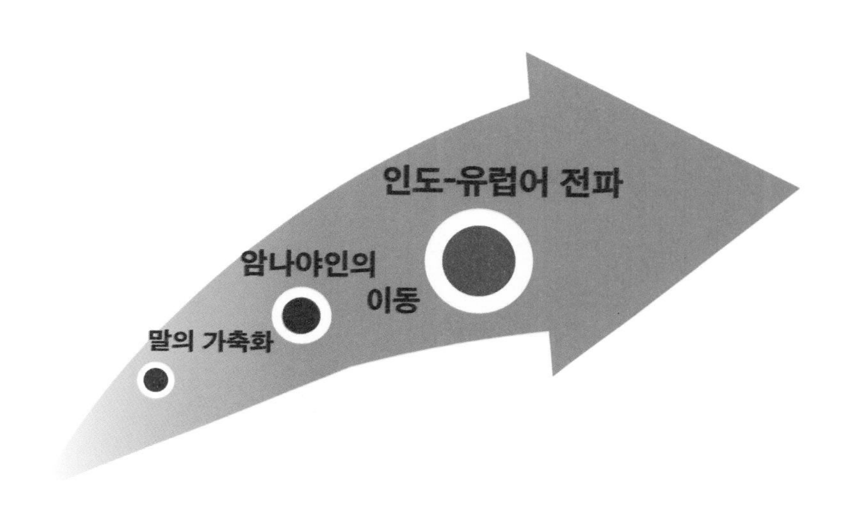

‖ 말의 가축화와 인도-유럽어의 전파

진 안데스 국가들과 교류가 없었다고 주장한다. 8천 킬로미터나 떨어진 중국과 로마가 이미 2천 년 전 교류했던 것과 대비된다. 남북아메리카 원주민의 교류가 없던 이유는 밀림과 고산지대 때문에 쉽게 접근할 수 없고, 앞서 말한 것처럼 소나 말 같은 거대 포유류가 인류의 남획으로 멸종해서 수레를 발명할 수 없었기 때문이다.

말Horse과 말Language

이제 우리는 아이슬란드인과 스리랑카인이 같은 인도-유럽어를 쓰는 이유를 알게 되었다. 말(Horse)이 말(Language)을 전파했다! 인간은 공간 이동을 하면서도 경계를 지나게 된다. 말의 힘으로 얌나야인은 유당분해 유전자, 큰 키 유전자, 여기에 언어까지 전파할 수 있었다. 말이라는 생명체의 이동에 무형의 언어까지 영향을 주고받게 된 것이다.

생명체는 엔트로피가 낮은 상태다. 엔트로피가 낮은 상태와 높은 상태가 만나면 두 영역 사이에 경계가 발생한다. 온도가 높은 공기가 온도가 낮은 공기와 만나면 온도가 높은 곳에서 낮은 곳으로 열이 이동하여 평형 상태를 유지한다. 그리고 두 영역의 중간 온도인 곳에 경계가 만들어진다.

생물은 수많은 경계를 넘어서면서 진화해 왔다. 어류에서 양서류로 진화할 때는 육지와 바다의 경계를 넘어섰다. 이후에도 생명체는 수많은 경계를 극복하면서 다양해졌다. 얌나야인이 지구상 다양한 서로 다른 언어를 사용하는 집단의 경계를 넘어설 수 있었던 것은 말의 이용으로 가능했다.

말을 가진 자

과거 말은 전쟁과 힘의 상징이었다. 기원전 17세기 이집트 북동쪽에 살던 아시아계 힉소스인은 말을 타고 이집트를 침공하여 왕조를 세우고 기원전 1663년부터 기원전 1555년까지 다스렸다. 이후 이집트인들이 이들을 몰아냈다. 그리고 이들에게서 들여온 말과 마차를 내세워 기원전 15세기에 투트모세 3세가 시리아와의 전쟁에서 승리한다. 중국이 만리장성을 쌓은 이유도 흉노족 등 북방 유목민족이 말을 타고 끊임없이 침입했기 때문이다. 성경에서도 말은 대부분 전쟁에 관련해서 기술되어 있다.

우리나라에서 1962년 처음 개봉한 영화 〈벤허〉는 1970년대 후반까지 계속 극장에서 상영되었다. 물론 재개봉관이긴 했지만, 이 영화를 보지 않은 사람이 거의 없을 정도로 단체 상영의 단골 작품이었다. 종교적 색채가 짙은 영화라서 일부 계층에만 인기가 있을 법하지만, 말들이 끄는 전차 경주 장면이 생생하고 손에 땀을 쥐게 하여 종교에 상관없이 사람들을 영화관으로 이끌었다.

현대 사회에서 말은 이동 수단으로의 기능은 잃었지만, 여전히 중요한 무역 대상이다. 우리나라는 2011년 '말산업육성법'을 만들어 경마 산업 위주에서 다변화를 추구하고 있다. 승마가 대중화되는 것도 이와 관련이 있다. 말 한 마리가 수백억 원을 호가하므로 좋은 종마 생산은 국부를 쌓는 일이기도 하다. 이러한 밑바탕에는 부의 축적을 위한 인간의 욕망이 깔려 있다.

4.

파나마지협이 산업혁명을 일으켰다

따뜻한 바닷물이 인간의 삶을 바꾼 내력

2018년 러시아 월드컵 개최 당시 문득 '러시아는 축구 경기하기에 너무 춥지 않을까?'라는 생각을 했다. 이런 착각은 영화에서 본 러시아의 모습이 항상 겨울이었기 때문에 하게 됐다. 게다가 러시아의 수도 모스크바는 서울보다 위도도 높다. 모스크바는 북위 55도45분이고, 서울은 37도33분이다. 다행히도 월드컵 기간은 6월 중순에서 7월 중순이라서 춥지 않았다.

한 가지 의문이 더 생겼다. 모스크바와 비슷한 위도에 있는 영국 런던(북위 51도09분)이 더 따뜻한 이유다. 런던은 연평균기온 7.4°C로 1월 최저기온이 4°C다. 서울의 연평균기온은 11.9°C로 런던보다 높지만, 1월 최저기온은 -7°C로 런던보다 11°C나 낮다. 모스크바는 연평균기온이 4.9°C로 1월 최저기온이 -10°C이며 12월부터 2월까지는 낮에도 영하권이다. 겨울만 놓고 보면 런던은 모스크바는 물론이고 서울보다 훨씬 따뜻하다.

사실 런던이 모스크바와 비슷한 위도에 있는데도, 훨씬 따뜻한 이유는 영국을 지나는 난류인 걸프해류 덕분이다. 바다에는 수많은 해류가 흐른다. 해류는 지금도 전 세계 바다 곳곳으로 흐르고 있다. 러버덕이 이런 해류의 여행을 증명한다. 우리나라 석촌호수에도 있는 바로 그 노란 오리 모형 말이다. 러버덕은 네덜란드의 예술가인 플로렌타인 호프만의 설치미술 작품으로, 그는 이 작품을 전 세계로 퍼트리는 러버덕 프로젝트를 실시한 바 있다.

이 프로젝트는 홍콩에서 출발해 미국으로 가던 화물선이 수만 개의 러버덕 장난감을 바다에 떨어뜨린 사건에서 시작되었다. 1992년 우리나라 근처 바다에서 발생한 폭풍우 때문이었다. 그로 인해 수만 개의 러버덕이 해류를 따라 표류하게 되었고 미국의 해양학자 커티스

에비스메이어는 10여 년간 러버덕의 표류 상황을 추적했다.

연구 결과 러버덕은 해류를 따라 호주, 인도네시아, 알래스카, 남미 등지로 퍼져 나갔다. 이 사건은 해류가 전 세계로 연결되어 있다는 증거가 되었고, 러버덕은 사람들에게 사랑과 평화를 전하는 의미를 지니게 되었다. 아마 귀여운 외모도 이런 의미를 담는 데 한몫한 것 같다.

영국을 지나는 난류, 걸프해류

난류의 영향으로 온난한 기후가 된 영국은 대규모로 양을 키울 수 있었다. 자연히 모직 산업이 발달했고, 증기기관으로 방적기계까지 돌리게 되자 엄청난 부를 축적했다. 어찌 보면 영국을 지나는 난류가 산업혁명의 배경이 된 것이다. 15세기까지만 해도 영국은 유럽에서 가난한 국가에 속했다. 그런 영국에서 산업혁명이 시작된 이유는 정치적 안정과 풍부한 노동력, 석탄 같은 자원이라고 이야기한다. 하지만 만약 난류가 흐르지 않았다면 이런 것들도 가능하지 않았을 것이다.

영국을 지나는 난류인 걸프해류는 어디에서 왔을까? 해류는 상대적 높낮이에 따라 한류와 난류로 나뉜다. 한류는 고위도에서 저위도로 흐르는 차가운 해류이고, 난류는 저위도에서 고위도로 흐르는 따뜻한 해류다. 걸프해류는 아메리카 대륙의 멕시코만과 플로리다해협을 통

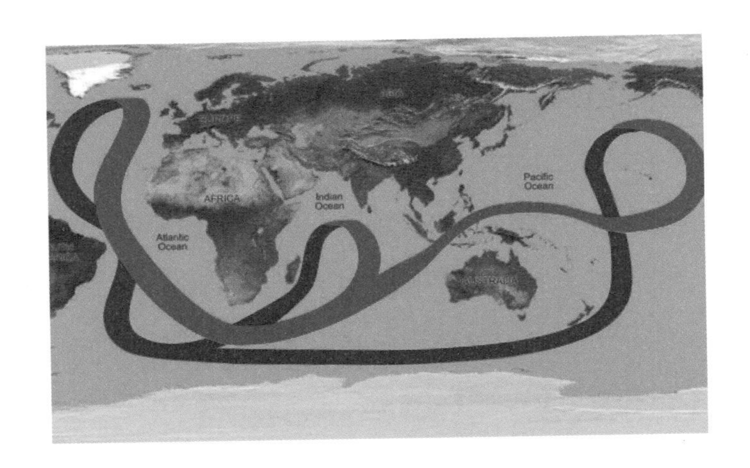

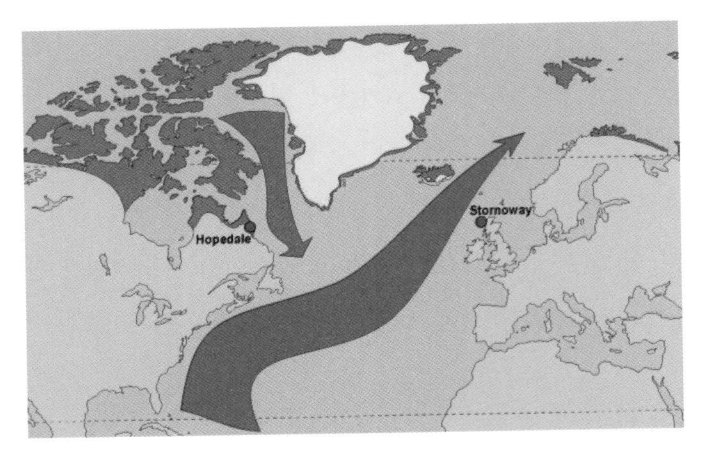

‖ 전 세계 해류의 흐름과 걸프해류

과한 후 대서양을 거쳐서 유럽으로 올라간다. 멕시코만은 편서풍 지역에 위치한다. 편서풍이 난류를 대서양을 가로질러 유럽까지 이동시킨다. 온도가 30℃에 이르는 난류는 북대서양해류가 되어 영국을 포함한 유럽의 바다 곳곳으로 흘러서 따뜻한 기후를 유지한다. 걸프해류의 일부는 아프리카 대륙과 만나 카나리아해류가 되어 아래쪽으로 흐른다. 걸프해류는 만 킬로미터에 이르며 해류 중 가장 크고 속도가 빠르다.

지구의 바다는 오대양 즉 태평양, 대서양, 인도양, 북극해, 남극해로 이루어져 있다. 이 가운데 남극해를 제외한 네 개의 대양을 잇는 해양 컨베이어벨트가 흐른다. 남극해 주변에는 남극환류가 흘러서 따뜻한 바닷물이 남극해로 접근하지 못하게 막는다. 남극이 거대한 얼음 대륙을 유지할 수 있는 이유이다.

해류의 종류는 그 발생 원인에 따라, 바람에 의해 생기는 해류는 취송류(吹送流), 바닷물의 밀도의 차에 의해 생기는 밀도류(密度流), 경사의 차에 의해 생기는 경사류(傾斜流), 어떤 장소에 해수가 움직이는 반향으로 생기는 보류(補流)로 구분된다.

여기서 주목해야 할 것은 해류가 발생하는 주된 원인인 밀도류다. 밀도가 큰 바닷물은 아래로 가라앉는데, 이 가라앉는 힘이 해류의 추동력이 된다. 바닷물의 밀도는 차가울수록 그리고 염분이 높을수록 높다. 적도 부근은 태양이 강렬하기 때문에 증발이 활발하여 염분 함량이 높아진다. 결과적으로 바닷물의 밀도가 높아져서 바닷속으로 하강하게 되어 해류가 발생하는 추동력이 생기게 된다. 걸프해류가 바로 밀도류이다.

걸프해류의 속도는 초속 2미터이며 1억 세제곱미터의 따뜻한 바닷물을 유럽으로 실어 나른다. 위에서 말한 것처럼 걸프해류가 북쪽으로 상승하여 만들어진 북대서양해류는 대기 중으로 증발되면서 많은 열을 방출하게 되어 냉각된다. 이로 인해 북위 약 69도에 위치한 노르웨이의 무르만스크 항은 겨울에도 얼지 않는 부동항이 된다.

걸프해류는 북대서양해류로 바뀌어 올라가다가 그린란드, 노르웨이, 아이슬란드 부근에서 냉각된다. 냉각된 해류는 밀도가 높아져서 바닷속으로 하강한다. 이 규모는 폭 15킬로미터, 깊이 4천 미터에 이르며 초당 1700만 세제곱미터의 물이 떨어지는 폭포와 같다. 이 양은 지구상 모든 하천이 운반하는 물의 15배에 해당한다. 이렇게 하강하는 움직임이 해류를 발생시킨다.

파나마지협과 판구조론

런던이 오늘날과 유사한 기후가 된 건 약 3백만 년 전부터다. 그때 북아메리카대륙과 남아메리카대륙이 만나서 파나마지협으로 연결되

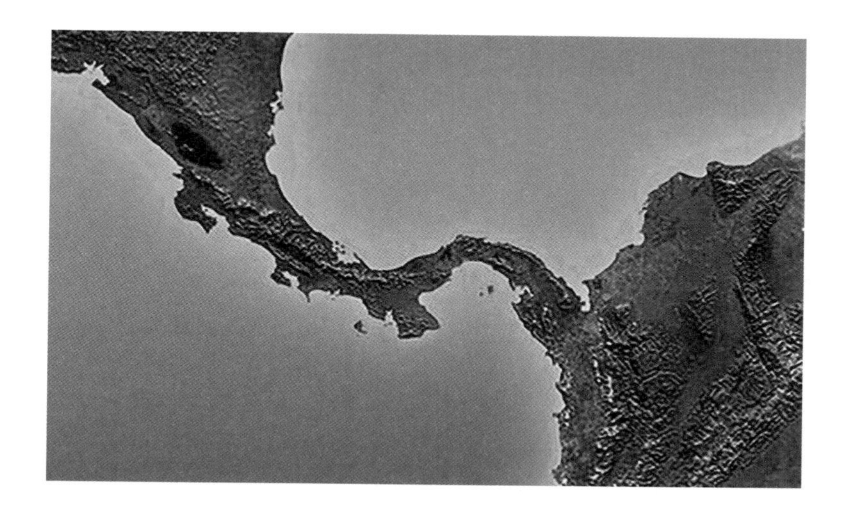

‖ 파나마지협

었다. 이곳은 태평양과 카리브해 사이의 좁은 땅이다. 파나마지협이 생겨 가로막히기 전에는 대서양의 따뜻한 해류가 태평양으로 넘어갔지만, 새로 생긴 장벽 때문에 막히게 되었다. 대신 북아메리카 동해안을 따라서 올라가는 걸프해류가 만들어졌다.

북아메리카대륙과 남아메리카대륙은 어떻게 연결되었을까? 1910년대 독일의 기상학자 알프레드 베게너는 아프리카 서쪽 해안선과 남아프리카 동쪽 해안선을 겹치면 거의 맞춰진다는 걸 발견했다. 그는 이 두 지역의 동식물 화석이 거의 같다는 논문을 읽고 대륙이동설이라는 대담한 가설을 세웠다. 과거에는 지구의 모습이 현재와 같은 육대주가 아니라 판게아(Pangaea)라는 거대한 하나의 대륙이었다는 가설이었다. 그러나 당시 이 가설의 이유를 설명할 수는 없었다.

이후 1928년 영국의 홈즈 교수가 대륙이 이동하는 근본 원인으로 맨틀대류설을 주장한다. 맨틀 내부에서 방사성원소가 붕괴되어 열이 발생하고, 이 열로 인해 대류가 일어나 지각이 갈라진다는 것이다. 이후 1960년 초 다이츠와 헤츠가 바다 깊은 곳에 있는 해령에서 맨틀이 올라오는 것을 발견하고 해저확장설을 발표했다. 해령에서 새로운 지각이 생겨나서 점점 해저가 확장되다가 판과 판의 경계인 해구에서 사라진다는 것이다. 이러한 여러 이론은 마침내 판구조론(Plate tectonics)으로 통합된다. 지구의 암석권은 여러 개의 판으로 이루어져 있는데 이들은 맨틀의 대류로 수평 방향으로 이동한다. 이런 운동 때문에 지각판들이 부딪혀 지진이나 화산이 일어나게 된다.

맨틀이 대류하는 이유는 지구 내부에서 열이 발생하기 때문이다. 지구 내부에 있는 칼륨(K), 우라늄(U), 토륨(Th) 같은 방사성원소가 붕괴할 때 열을 방출한다. 또 다른 원인으로 외핵이 내핵으로 변하는 과정 중에 맨틀 대류가 발생하는 것으로 추측하고 있다. 지구 내부는 가장 바깥 면의 지각으로부터 그 밑에 맨틀, 핵으로 이루어져 있다. 핵은 다

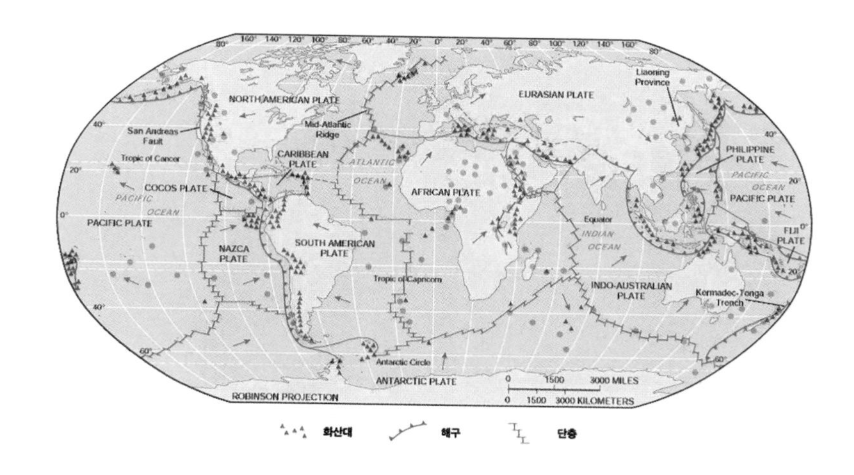

‖ 화산대와 지진대

시 외핵과 내핵으로 이루어지는데, 외핵은 액체 상태로 대류 현상이 일어난다. 이것 때문에 지구가 자기(磁氣)를 갖게 된다. 외핵은 철과 니켈로 이루어져 있는데 철이 굳으면서 내핵이 커지고 있다. 이때 열이 발생하여 맨틀에 전달된다. 액체인 물이 고체인 얼음으로 변할 때 응고열이 발생하는 것과 같다.

맨틀 상부에서 일어나는 현상은 이러한 원인으로 설명할 수 있으나, 맨틀 깊은 곳에서 일어나는 현상의 원인은 다른 데 있다. 지도를 보면 태평양을 중심으로 판의 경계에 많은 섬이 있다. 판 경계가 부딪치면

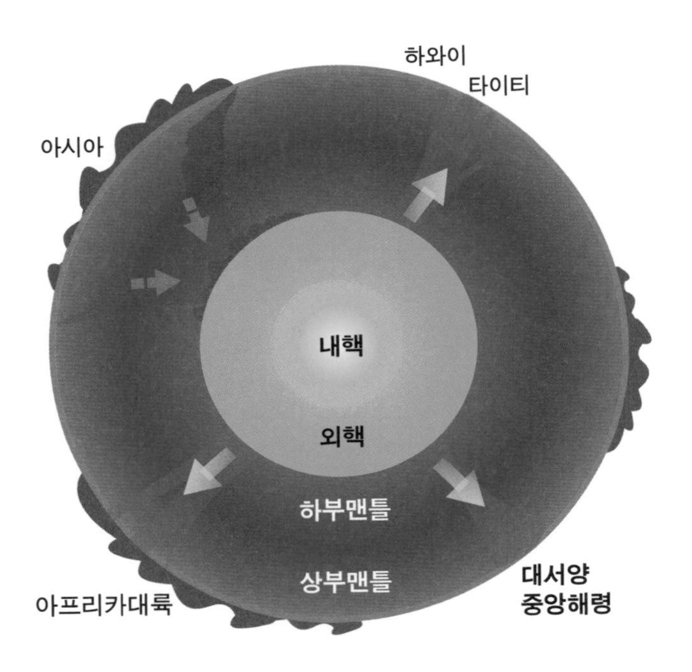

‖ 플룸구조론 모식도

서 화산이나 지진이 발생하고 이곳에 섬들이 만들어진다. 그 모양이 활처럼 펼쳐져 있어서 호상열도(island arc)라고 부른다. 그런데 하와이 섬은 판의 경계가 아니라 판의 한가운데에 있다. 하와이 화산섬을 만든 것을 열점(hot spot)이라고 하며 전 세계적으로 20여 개가 확인되고 있다. 미국의 옐로스톤공원에 있는 미드웨이 간헐천 분지도 이에 해당한다.

이러한 열점의 발생 원인을 설명하는 것이 플룸구조론(Plume-tectonics)이다. 그림처럼 지구 내부에는 열덩어리가 상승하거나 하강하는 구조가 있다고 한다. 이 불덩어리가 하와이섬 같은 화산섬을 만든다. 원자번호 26인 철보다 가벼운 원소들은 별 내부의 핵융합반응으로 만들어진다. 철보다 무거운 원소들은 초신성이 폭발하는 과정에서 만들어진다. 이렇게 만들어진 우라늄(U), 토륨(Th) 같은 방사성원소가 지구 내부에 존재해 맨틀 대류를 일으키고 그로 인해 지각이 이동하게 되었다.

남아메리카대륙과 북아메리카대륙이 만나게 된 것도 방사성원소 때

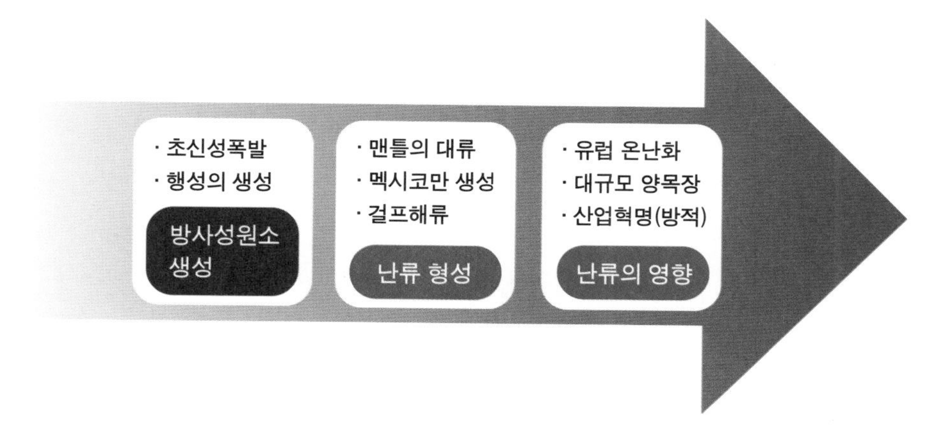

‖ 난류의 형성과 그 영향

문이다. 대륙 이동으로 파나마지협이 생기자, 난류는 걸프해류가 되어 고위도로 상승하기 시작했고, 유럽의 기후를 따뜻하게 했다. 그 결과 영국에서 산업혁명이 가능하게 되었다.

기후 위기와 북극항로

우리나라에서 유럽으로 가려면 아시아를 거쳐 수에즈 운하를 통과해야 하는데 운하 초입인 소말리아에는 해적들이 들끓고 있다. 2011년 1월 대한민국 해군 청해부대는 소말리아 해적에게 피랍된 대한민국 선박 삼호 주얼리호를 아덴만 해상에서 구출했다. 인터넷에서 아덴만 작전을 검색하면 구출 작전의 생생한 영상을 볼 수 있다.

지구온난화로 북극해가 녹으면서 북극항로가 열릴 가능성이 커지고 있다. 수에즈 운하를 통과하는 극동유럽항로는 2만1000킬로미터인데, 북극항로는 1만2700킬로미터로 배 한 척당 연료비가 15억에서 30억 원까지 절약된다. 북극항로는 너무 추워서 해적이 생길 가능성도 없다. 항로 대부분은 군사 강국인 러시아 영토이므로 해적이 침범하지 못할 것이다. 북극항로가 열리면 중간기착지로 부산항이 지목될 수 있다. 쇄빙선 수요가 급증하여 우리나라 조선업에도 도움이 된다. 그런데 지구온난화의 결과가 이렇게 달콤하기만 할까?

2019년 9월 21일, 23일 열린 유엔 기후변화 정상회담 전에 세계 수백만 명의 사람들이 기후 위기 문제에 맞서 거리로 나왔다. 우리는 몇억 년에 걸쳐 축적되었던 화석연료를 최근 50년 동안 폭발적으로 태워 버리면서 온실가스, 각종 쓰레기가 지구에 넘치도록 했다. 지난 1만 년 동안 지구의 평균기온은 약 4~5도 상승했는데, 산업혁명 이후 무려 1도나 상승했다. 앞으로 2도까지 올라가면 지구 자체가 파산을 면치 못할 것으로 예상한다.

5.

아보카도가 사람을 죽인다

교역이 불러온 나비효과

아이들은 그냥 우유보다 딸기우유를 더 좋아한다. 그런데 딸기우유의 분홍색은 딸기에서 온 것이 아니라, 코치닐 색소다. 이 색소는 천연으로 선인장에 기생하는 연지벌레로 만든다. 몇 년 전 텔레비전 방송에서 딸기우유에 벌레로 만든 코치닐 색소를 넣는다고 하자, 시청자들이 충격을 받았다. 이후 딸기우유 판매량이 줄어들었다고 하니, 어지간히 충격을 받은 모양이다.

스타벅스에서는 과거 연지벌레 가루를 색소로 사용하다, 채식주의자를 비롯한 소비자들의 항의가 빗발치자 판매를 중단하기도 했다.

연지벌레 입장에서는 이런 일이 조금 억울할 수도 있다. 인공 염료가 만들어지기 전 코치닐 색소는 최고급으로 애용되었기 때문이다. 선명한 붉은색을 낼 수 있어서 많은 사람의 사랑을 받았다.

‖ 연지벌레

붉은색 선호와 연지벌레 무역

유럽에서 붉은색은 왕권, 혁명, 악마, 욕망 등을 상징한다. 그래서 붉은 염료를 만드는 기술은 부를 축적하는 원천으로 통했다. 중국에서도 붉은색은 부와 행운을 상징한다. 심지어 명마의 색도 붉은색, 즉 적토마를 최고로 친다. 중국에서는 수은의 황화물을 이용해서 붉게 염색을 하는 기술이 발달했다. 중국은 붉은색으로 곱게 염색한 제품을 서양으로 수출했고, 염색 기술을 유출하지 않으려 노력했다.

16세기 세계의 부는 중국에 몰려 있었다. 중국은 비단과 자기처럼, 당시로는 최고급 물건을 수출하고 있었다. 유럽의 상인들은 이런 물건을 중국에서 사들여 유럽으로 돌아가 비싸게 팔아서 돈을 벌었다. 당시 중국의 화폐는 은이었다. 그래서 유럽인들은 식민지를 정복할 때마다 은과 금을 착취하느라 혈안이 되어 있었다. 중국 물건을 사기 위해서였다.

1519년 스페인 정복자들 역시 식민지에서 은과 황금을 착취하려 했다. 1530년대 중반 지금의 멕시코로 들어온 스페인 상인들이 붉은 염색의 원료인 연지벌레가 돈이 된다는 것을 알게 되었다. 1540년부터 남미와 유럽 사이의 대서양 양안 사이에 교역이 시작되었다. 남미의 연지벌레는 스페인의 세비야 항구를 중심으로 유럽으로 수입되었다. 일단 수입된 연지벌레는 한편으로는 터키로 다른 한편으로는 필리핀으로 수출되었다. 필리핀으로 들어간 코치닐은 다시 중국으로 수출되었으니 그야말로 연지벌레 무역이 세계화의 시작인 셈이다.

연지벌레로 스페인은 막대한 부를 쌓았지만, 멕시코 원주민들은 스페인인이 지닌 질병으로 엄청나게 많이 죽어갔다. 이후 합성염료가 개발되면서 천연염료 교역이 내리막길을 걸었다.

피의 아보카도

멕시코 갱단은 과거에 마약 밀매로 돈을 벌었다. 그런데 멕시코 정부가 마약과의 전쟁을 선포하면서 마약 거래가 힘들어지자 다른 수입원을 찾게 되었다. 그러던 중 전 세계적으로 아보카도의 인기가 치솟자 갱단은 아보카도 농장에서 돈 냄새를 맡았다.

아보카도 농장을 운영하면 수억 원대 수입을 올릴 수 있다고 한다. 멕시코에서 아보카도는 '녹색금'으로 통한다. 갱단은 농부들을 협박해 보호비 명목으로 돈을 뜯고 있다. 이를 거부한 농부 일가족이 살해당한 적도 있다고 하니 심각한 상태다. 농장을 둘러싸고 세력 다툼 과정에서 갱단끼리 살육전을 벌이는데도, 부패한 멕시코 정부는 갱단의 횡포를 막지 못하고 있다. 보다 못한 농부들은 용병을 고용해서 농장을 지키기도 한다.

이렇게 아보카도를 둘러싼 비극이 생기자, 영국과 아일랜드에서 아보카도를 메뉴에서 퇴출하는 식당들이 생겼다. 대신 다른 식재료를 이용하는 것이다. 로컬 푸드와 제철 음식을 먹으려는 움직임이다. 아보

‖ 아보카도

카도처럼 자국에서 생산되지 않는 과일을 먹으려면 수입해야 한다. 이 과정에서 자동차, 배, 비행기 등을 이용하니 석유가 필요하고 이는 지구온난화를 가속한다.

사실 그렇게 따지자면 우리도 언제부터인가 일 년 내내 딸기를 먹을 수 있게 되었다. 한겨울에도 비닐하우스에서 딸기가 생산되기 때문이다. 겨울에 딸기를 재배하려면 석유가 필요하다. 이렇게 보면 웬만한 것은 먹지도, 쓰지도, 입지도 말아야 한다. 지금 우리가 입은 옷은 베트남 등 임금이 싼 곳에서 생산해 수입한 경우가 많다. 먹고, 쓰고, 입는 모든 물건의 생산 과정에서 석유가 필요하다. 우리의 모든 행동이 지구온난화와 연관된 셈이다.

아보카도 때문에 죽어가는 멕시코 농민을 돕고, 온실가스를 줄이고, 경제도 살려야 하는 상황을 해결할 수 있을까? 우선 윤리적 소비 차원에서 접근하는 방법이 있다. 공정한 노동의 대가와 인간다운 근무 환경을 제공하면서 생산한 제품을 수입하는 '공정무역'이 바로 그 예이다. 다음으로는 자연을 덜 오염시키는 방식의 접근이다. 유기농으로 재배하거나 열대림을 파괴하지 않는 방식으로 생산한 농작물을 수입하면 된다.

만약 전 세계 아보카도 소비국이 이런 방식으로 접근하면, 멕시코에서도 변화가 일어날 수 있다. 세계적으로 아보카도 소비량이 줄어들 것이고, 멕시코 정부에서 대책을 세우다 보면 갱단이 벌이는 일들을 해결하지 않으면 아보카도 수출이 늘어나지 않는다는 판단이 설 것이다. 중요한 것은 전 세계인이 공존해야 한다는 믿음을 공유하고 서로 신뢰관계를 유지하는 일이다. 카카오나 커피도 이처럼 비윤리적 생산을 막으려는 국제적인 노력이 커지고 있다.

지속 가능한 발전

“양이 사람을 잡아먹는다.” 영주와 대지주들이 목양업을 이유로 대규모로 공유지를 사유지화하자, 16세기 영국의 법률가이자 정치가인 토머스 모어가 한 말이다. 장원제도가 확립된 시기에는 숲, 들 등 임야는 공유지였다. 이 공유지는 흉년에 채집이나 가축을 방목하거나 벌목하는 데 사용되었으나, 사유지를 가지려는 움직임이 활발해지자 지주들이 울타리를 만들었다. 제러미 리프킨은 《생명권 정치학》에서 인클로저 운동은 공업화에 필요한 인력을 충당하려고 공유지를 사유화하고, 농민으로부터 토지 사용권을 강탈하여 농민을 도시 노동자로 전락하게 만든 사건이라고 평가했다.

아보카도 무역과 인클로저 운동의 공통점은 자본의 움직임이다. 현재로서는 자본주의의 대안이 없다. 전 세계적으로 활약하는 초국적 기업에 의한 생태계 파괴와 인권침해는 국가를 초월한 문제이다. 그나마 ‘지속 가능한 발전’이 이러한 문제 해결의 대안이 될 수 있다. 지속 가능한 발전은 ‘미래 세대가 그들의 필요를 충족시킬 능력을 저해하지 않으면서, 현재 세대의 필요를 충족시키는 발전’으로 정의되었다. 현재는 유엔과 국제사회가 2016년부터 2030년까지 지속 가능 발전 목표에 합의했다. 목표는 17개로, 인류의 보편적 문제(빈곤, 질병, 교육, 성평등, 난민, 분쟁 등)와 지구 환경문제(기후변화, 에너지, 환경오염, 물, 생물 다양성 등), 경제 사회문제(기술, 주거, 노사, 고용, 생산 소비, 사회구조, 법, 대내외 경제)로 이루어져 있다.

6.

목화가 조선의 경제를 바꿨다

인간의 욕망이 일으킨 자연선택

새하얀 목화밭을 보고 있노라면 몸도 마음도 포근해지는 것 같다. 목화 열매에서 얻는 솜의 이미지 때문인가 보다. 어린 시절, 어머니가 이불 홑청을 뜯어내고 솜을 빼서 솜틀집에 가져가시던 걸 기억한다. 그때는 동네마다 솜틀집이 있어서 숨이 죽거나, 변색이 일어나거나, 냄새나는 솜이불을 재생해 주었다. 솜틀기에 솜을 넣으면 이물질이나 먼지, 진드기 등이 걸러진다. 솜틀기에서 틀어진 솜은 솜사탕처럼 새하얗게 변신해 다시 포근한 이불이 되곤 했다. 목화는 이불뿐만 아니라 우리 옷을 만드는 천의 재료로도 사용된다. 특히 맨살이 닿는 속옷은 목화실로 짠 순면이 좋다. 과거에는 솜을 천에 넣은 누비천으로 만든 겨울옷을 입기도 했다.

이 정도면 목화를 들여오지 않았다면 우리는 어떻게 추위를 이겨냈

‖ 수확기의 목화

을까 싶어지기까지 한다.

목화를 들여온 문익점

많은 사람이 고려 말 문익점이 원나라에서 죽음을 무릅쓰고 목화씨 열 개를 붓두껍에 숨겨 들여왔다고 알고 있다. 이건 부분적으로만 사실이다. 문익점이 우리나라에 목화씨를 들여온 것은 사실이지만 붓두껍에 숨기지는 않았다.

다음은 《고려사》와 《태조실록》에 실린 사료다.

“문익점은 …원나라 사신으로 갔다. …돌아오면서 목면씨를 가지고 와 장인인 정천익에게 그것을 심도록 부탁했다. 처음에는 재배 방법을 몰라서 거의 다 말라 버리고 한 그루만 남았는데, 3년 동안 풍년이 들어 마침내 크게 늘어났다. 그 목화씨를 뽑는 물레와 실을 켜는 물레는 모두 정천익이 새로 만들었다.” -《고려사》

“…원나라에 갔다 돌아오면서 길가에 목면나무를 보고 그 열매 십여 개를 따 주머니에 가득 채워 돌아왔다. 갑진년 진주로 가서 고을 사람으로 전객령 벼슬을 마친 정천익에게 그 반을 주었다. 심어 길렀으나 겨우 한 대가 살았다. 천익이 가을에 목화씨 백여 개를 거두어 해마다 더 심었다. 정미년 봄에 고을 사람들에게 그 씨를 나누어주고 심도록 권했다. 익점이 심은 것은 하나도 살지 못했다.” -《태조실록》

목화는 보통 4개에서 6개의 열매를 맺는다. 씨아라는 기구로 열매에서 씨를 빼내면 10개 정도를 얻을 수 있는데, 문익점은 목화 열매 10개를 가져왔으므로 실제로 씨는 100개 정도 가져온 것으로 추정된다. 그 중 열매 5개, 즉 50개의 씨앗은 자신이 파종했고, 나머지 열매 5개의 씨앗은 장인 정천익에게 주었다. 문익점은 농사짓는 데는 소질이 없었는지 다 죽였고, 정천익은 다행히 한 그루를 살린다. 그 나무에서 100

여 개의 씨가 나왔다는 것을 보면 열매 10개 정도가 살아난 것 같다. 이 목화가 전국으로 퍼지는 데는 10년이면 충분했다. 이로 인해 겨울에 솜을 누빈 옷을 입게 되어 얼어 죽는 사람들이 전보다 훨씬 줄어들었다. 목화의 도입으로 우리 조상의 수명이 늘어난 셈이다.

문익점이 가져온 종(種)은 인도가 원산지였다. 목화의 원산지는 아프리카 남부, 인도, 안데스산맥 등 여러 기원설이 있으나 인도라는 설이 지배적이다. 기원전 3000년부터 재배되어 서쪽으로는 페르시아, 이집트, 유럽 전역으로 퍼져 나갔다. 동쪽으로는 중국을 거쳐서 고려의 공민왕 때(1367) 문익점이 원나라에서 종자를 가져왔다.

인도산 목화의 기후 적응

원래 우리나라에도 목화의 종은 있었다. 백첩이라고 불리는 이것은 아프리카가 원산지로, 지금의 고창에서 재배했다. 문익점이 가져온 것은 목면, 백첩은 초면이라고 한다. 백첩으로 만든 면직물인 백첩포는 이미 고구려에서 생산하고 있었고, 신라에서는 백첩포와 실크를 합사한 면주포를 생산하고 있었다. 그러나 초면은 목면에 비해 꽃이 작고 생산량이 적어서 면직물이 일반화되지는 못했다.

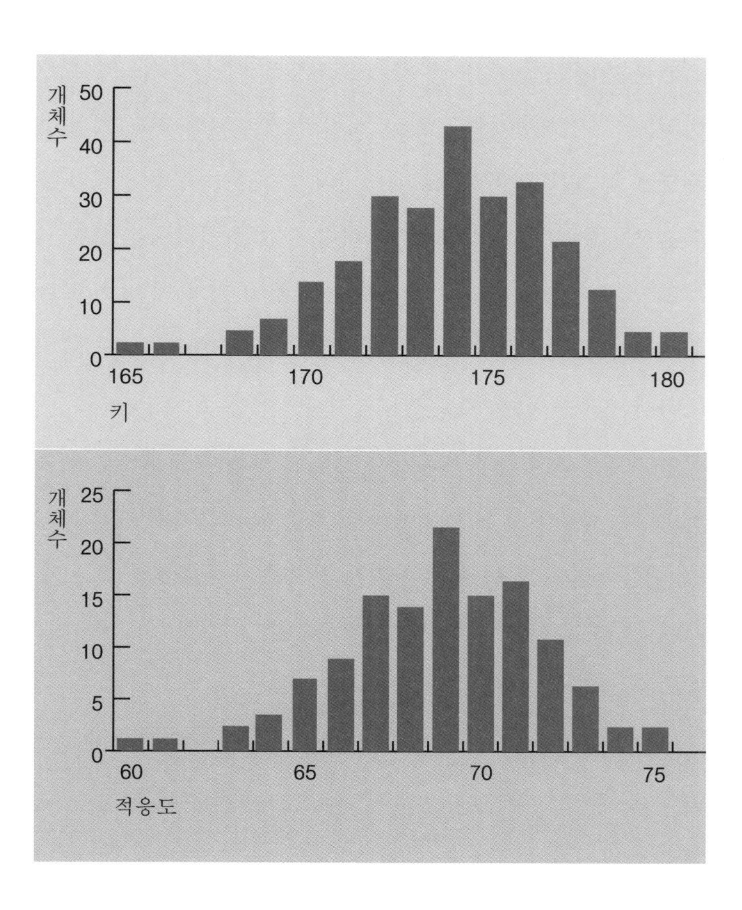

‖ 키의 분포(위)와 기후변화에 따른 목화의 적응도 그래프(아래)

문익점이 가져온 인도 목화는 어떻게 우리나라 기후에 적응했을까? 이것은 변이로 설명할 수 있다. 사람의 키는 다양하다. 키의 분포를 그래프로 그리면 정상분포로 나타난다. 그래프는 Y축이 사람 수, X축이 키로 정해진다. 가장 많은 키의 사람 수를 중간값으로 하면, 왼쪽으로 가면 키가 점점 작아지고 오른쪽으로 가면 키가 점점 커지는 종 모양의 정상분포 곡선을 그린다. 이처럼 한 개체 안에서 형질이 다양하게 나타나는 것을 변이라고 한다.

이 개념으로 목화가 우리나라 기후에 적응할 수 있었던 이유를 설명해 보자. 식물이 다른 지역에서 적응할 수 있는 환경요인은 기후와 토양, 생물학적 요소 등 여러 가지가 있지만 가장 중요한 것은 기후다.

인도처럼 온난한 기후에서 자란 목화가 어떻게 상대적으로 추운 우리나라 기후에서 자랄 수 있었을까?

앞서 말한 변이처럼 기후에 적응할 수 있는 정도는 개체마다 다르다. 사람 중에도 추위에 강한 사람이 있고 약한 사람이 있는 것처럼 목화도 마찬가지다. 이것은 유전자의 문제로 생각할 수 있다. 과거로 돌아갈 수 없으니 당시 목화의 유전자를 분석할 수는 없다. 유전자의 차이로 발생한 기후 적응도의 차이를 분석하기 위해 이를 기후변화 적응도라고 임의로 정의해 보자.

키 분포 그래프에서 X축의 값을 기후변화에 대한 적응도로 대체해 보자. 목화씨 100개를 심었으니 이 목화의 기후변화에 대한 적응도는 정상분포를 보였을 것이다. 인간은 키가 크거나 작아도 생존하지만 기후변화에 대한 적응도는 차이에 따라 결국 살아남느냐 죽느냐로 나타난다. 100그루의 목화나무는 기후변화에 대한 적응도의 차이가 모두 달랐고, 살아남은 것은 한 그루였다.

목화의 기후변화에 따른 적응도 그래프를 살펴보면 적응도가 75 이상인 개체가 살아남았을 것이다. 100개의 목화는 다양한 유전자를 가지고 있었을 것이고, 기후와 토양을 기준으로 여러 변이가 나타났을 것이다.

문익점이 가져온 인도 목화는, 우리나라에 들여오기 전 인도에서 중국(당시의 원나라)으로 전파되었다. 인도 목화가 중국에 온 후, 그 지역의 기후와 토양에 가장 잘 적응한 개체가 살아남아서 중국에 맞는 목화로 개량되었고, 다시 한국으로 건너와서 가장 잘 적응한 개체가 살아남아 한국에 맞는 목화로 개량되었다. 한 개체군 안에 있는 생물들이 유성생식을 하는 동안 염색체가 무작위로 섞이면서 다양한 유전자를 조합한다. 이 가운데 추위에 강한 목화가 생겨났고, 이 목화가 우리나라 기후에 적응해 번식하게 되었다.

더운 곳에서 자라는 인도 목화가 우리나라에서 자라게 된 것은 인간이 인위적으로 서식지를 옮겼기 때문이다. 만일 자연적인 상태였다면 인도 목화가 우리나라같이 추운 지역에서 자라기는 어려웠을 것이다. 새로운 형질을 가진 목화의 출현은 인간이 추운 지방에서 생존하려는 의지로 만들어졌다고도 할 수 있다.

평균수명의 증가

인간 의지의 결과는 사회의 변화로도 이어진다. 다음은 조선 중기 유학자 조식(曺植, 1501~1572)의 시조다.

삼동(三冬)에 베옷 닙고 암혈(巖穴)에 눈비 맞아,

구름 낀 볕 뉘도 쬔 적이 없건마는,

서산(西山)에 해 지다 하니, 눈물겨워 하노라.

‖ 고려 시대 평민의 의상

조식은 중종의 승하 소식을 듣고 그 슬픔을 이 시로 표현했다. 초장은 청빈한 자기 삶을 표현한 것이고, 중장은 벼슬을 하지 않았지만, 백성으로서 임금이 돌아가신 소식을 들으니 슬픔을 참지 못하겠다는 마음을 표현한 것이다. 조선 시대에는 목화 재배가 보편화됐지만, 가난한 사람들은 면으로 된 옷을 입지 못하고 베옷을 입었다. 목화 재배가 전국적으로 이루어졌던 조선 시대가 이 정도니 고려 시대에는 어땠을까?

고려 시대 불상 속에서 세로인 날실은 비단, 가로인 씨실은 모시로 짠 옷이 출토되었다. 경남 밀양에 위치한 고려 말 문신 박익(朴翊, 1332~1398)의 묘에서 발견된 벽화에서 평민의 의상을 볼 수 있다. 고려 시대에는 빈부의 차이에 따라 재질은 다르나, 왕 이하 평민은 남녀 구별 없이 모시로 만든 흰 백저포를 입었음을 알 수 있다.

|| 조선 시대 솜옷

조선 시대에는 솜으로 누빈 옷이 있었기에 훨씬 쉽게 추위를 견딜 수 있었다. 면은 그렇게 의복을 변화시켜 추운 겨울을 견딜 수 있게 했고, 조선 시대 사람들의 수명을 연장했다.

면포 사용이 일반화되자 면포를 세금으로 받기도 했다. 당시 군역(軍役)을 대신해서 두 필의 군포(軍布)를 징수하게 했다. 면포가 화폐 기능을 한 것이다. 고려 시대에도 삼으로 만든 마포가 사용되었지만 면포가 훨씬 천으로서 기능이 좋았고 생산성도 높았다.

면화로 인한 경제 발전

시장경제가 발달하려면 화폐가 잘 유통되어야 하고, 물건이 화폐로서 기능하려면 충분히 공급할 수 있으면서도 그 가치를 인정받아야 한

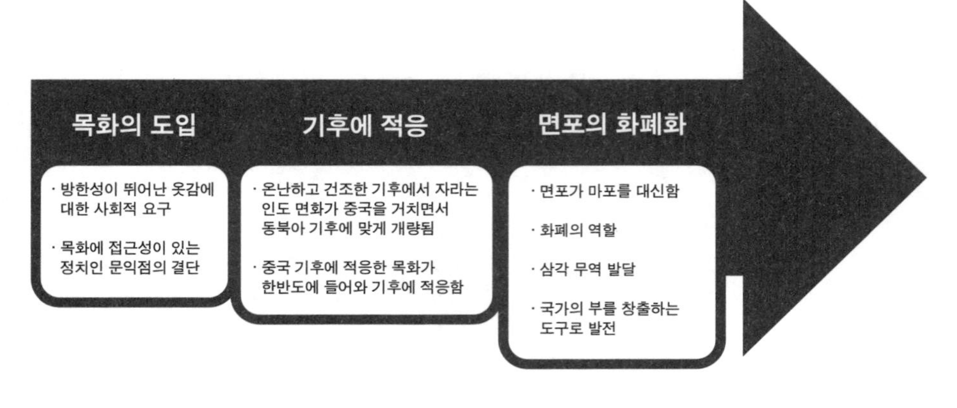

‖ 목화 재배가 일으킨 변화

다. 현대사회에서 화폐는 그 자체로는 값이 없지만, 국가가 보증하기 때문에 사람들은 돈의 가치를 믿는다. 심지어 실물이 없이 온라인상으로도 가치를 인정받는다. 하지만 과거에는 이런 체제가 갖추어지지 않았기 때문에 금이나 은처럼 그 자체로 가치가 있는 것들을 돈으로 사용했다.

이런 면에서 조선 시대의 면포는 화폐의 기능을 충분히 할 수 있었다. 면포의 확산은 서민들의 의생활을 풍족하게 해 주었다. 뿐만 아니라 시장경제를 활발하게 하는 데에도 공헌해 고려 시대에 비해 더 경제적으로 윤택한 삶을 살 수 있게 했다. 면포를 일본으로 수출하고 은, 동 등의 광물과 염색 재료인 소목 등을 수입했으며, 은 본위 화폐경제인 중국에 수출하고 비단을 수입했다. 중국에서 수입한 비단을 비싼 값으로 일본에 다시 수출하는 삼각무역으로도 이익을 보았다. 그리고 동으로는 화포를 만들어 국방을 튼튼하게 하였다. 소목으로 붉은색 옷감을 만들었는데 이렇게 화려한 옷감을 선호했다는 것은 그만큼 조선 시대가 경제적으로 발달했음을 나타내기도 한다.

온난한 지역에서 자라는 인도 면화가 다소 추운 우리나라에서 자라는 과정은 자연선택설로 설명할 수 있다. 그러나 이는 우연이나 자연적인 이유가 아니라 인간의 욕망에 의한 것이었다. 즉, 자연선택이 일어나도록 한 인간의 욕망 때문이었다. 목화 재배의 확산으로 시장경제가 발달하여 의생활뿐만 아니라 다른 영역의 물질까지 풍요롭게 된 것은, 처음 목화를 도입할 때는 전혀 의도되지 않은 일들이었다. 이렇게 목화라는 식물 하나가 한 나라의 제도, 생활 등을 크게 바꾸어 놓았다.

빛나는 펄의 어두운 생산법

화장하면 얼굴이 반짝거리는 건 펄 때문이다. 펄은 운모로 만드는데, 운모(Mica)의 어원은 라틴어 'Micare'로 '반짝반짝 빛나다'라는 뜻이다. 운모는 얇은 광물로 표면이 매끈하고 반짝여서 셀로판테이프처럼 생겼다. 만지면 잘 부스러진다. 화장품에 사용되는 것은 백운모로 얇은 반투명이어서 피부에 잘 붙고 퍼진다. 굴절률이 낮고 투명해서 피부에 붙으면 자연스러운 광택을 낸다. 운모는 백운모 외에 견운모, 금운모, 흑운모가 있는데 이들도 파우더나 블러셔에 섞으면 자연스럽고 투명한 광택이 살아난다. 운모는 고온에 강하고 광택이 뛰어나기 때문에 화장품 이외에도 자동차산업, 전력사업, 제련산업, 가전제품 산업에 널리 이용되고 있다.

운모의 주요 생산지는 인도, 중국, 스리랑카이다. 전 세계 소비량의 80퍼센트 이상을 인도에서 생산한다. 인도산 제품이 좋다는 평가를 받고 있는데, 품질이 아니라 가성비가 좋다. 인도 아동의 노동력을 착취하기에 인건비가 낮다. 운모를 채굴하려면 땅속 깊이 들어가야 하는데 워낙 좁아서 몸집이 작은 아이들이 한다. 이들은 열악한 환경에서 하루 8시간 일하고도 300루피, 한화로 약 4,700원을 받는다. 더욱이 70퍼센트 이상이 버려진 채석장에서 불법으로 이루어져 안전하지 않고, 아이들이 계속 죽어 나가고 있다. 신고도 되지 않아서 숫자조차 파악조차 되지 않는 실정이라고 한다. 얼굴이 반짝반짝 빛날수록 인도의 아이들이 어두운 땅속에서 죽어 나간다고 생각하면, 꽃단장한 얼굴이 그리 예쁘게만 느껴지지 않을지도 모르겠다.

인간은 경계를 만들고
경계는 인간을 만든다

7.

내 나이를 맞춰 보세요

생명 연장 기술의 현재와 미래

여기 육십 대의 나이에 삼십 대의 삶을 사는 J라는 사람의 이야기가 있다. 의학이 더욱 발달한 미래의 일을 상상한 것이지만, 몇 년 후에는 실제가 될 수도 있다. 만일 선택권이 있다면 여러분은 J가 되고 싶은가? 반대로 J의 동창 입장이라면 어떤 감정이 들겠는가? 이야기를 읽고 각자 판단해 보자.

J는 현재 68세이며 자동차 부품 제조업에 종사한다. 공업고등학교를 졸업하고 국내 최대 자동차 회사에서 일하다가 부품 개발에 대한 아이디어를 얻어 퇴직 후 동료와 부품 회사를 차렸다. 부품의 성능이 비용 대비 우수하여 다니던 회사에 납품하게 되었다. 창립 초기에는 고생했지만, 이제는 회사도 안정되어서 시간도 여유롭다. 더욱이 아직 독신이고 수입도 많아서 여유로

운 생활을 즐기고 있다. 그러다 몸이 아프기 시작해서 고민하던 J는 어느 날 길가메시 프로젝트라는 인간 영생 프로그램 소식을 들었다.

J는 거액을 들여 유전공학 치료를 받고, 비만을 해결해서 날씬해졌다. 혈압도 낮아졌고 줄기세포 치료로 무릎관절이 좋아져 예전처럼 족구와 골프도 즐기게 되었다. 줄기세포 성형으로 부작용 없이 주름을 없애서 몰라보게 젊어지기도 했다. 실제로 신체 나이가 30대 중반으로 판정되었으며, 외모도 30대 후반 정도로 보인다.

J는 주말이면 자주 새로운 이성을 소개받아 만났다. 그러다 32세의 아름다운 여자를 알게 되었다. 그녀는 나이 차이는 10년 가까이 나는 것 같지만, 신체 건장하고 부유한 J를 사랑하게 되었다. 또래 남자보다 배려심이 깊고, 다양한 경험을 해서 대화가 즐거웠다. J 역시 그녀가 마음에 들어서 평생 독신으로 지내려던 마음이 흔들리기 시작했다. 하지만 자신이 68세라는 것이 걱정이었다. 이렇게 젊은 여자와 결혼해도 괜찮을지 불안함도 있었다.

마침내 J는 그녀와 결혼을 결심했다. 최근 나노공학이 발달하면서 몸의 질병을 모조리 고치고 유전적인 결함도 치료할 수 있는 기술이 나왔다는 소식을 들었다. 그 정도의 비용은 감당할 수 있었다. 사업은 날로 번창하고, 부품업체에서 경쟁자가 별로 없어 그의 앞날에는 희망이 가득했다. J는 그녀를 위해 거액을 들여서 람보르기니를 구매하고 1억 원짜리 다이아몬드 반지를 샀다. 그녀를 차에 태우고 스카이라운지로 가서 반지를 주면서 청혼했다. 그녀는 기뻐하면서 J의 청혼에 응했다.

J의 부모님은 모두 돌아가셨기 때문에, 이제 그녀의 부모님께 허락만 받으면 됐다. J는 그녀의 부모님이 좋아할 만한 귀한 선물을 사서 그녀의 집을 방문했다. 그녀는 부모님이 그들의 결혼을 허락했다고 말했고, 둘은 앞날에 펼쳐질 행복을 상상하면서 즐겁게 부모님 집으로 향했다. 그런데 예상하지 못한 일이 일어났다. 그녀의 아버지가 J의 중학교 동창이었다.

그녀의 아버지와 J에게는 좋지 않은 추억이 있었다. 체격이 좋고 괄괄하던 J는 소심하고 공부만 하던 그녀의 아버지를 우습게 봤다. 그래서 그녀의 아버지는 항상 J에게 눌려 지냈고 심지어 오랜 기간 괴롭힘을 당했다. 그녀의 아버지는 J를 단번에 알아보았다. 왜냐하면, 괴롭힘을 당한 기억이 각인되어 있었으며, J는 자신과 달리 늙지 않았기 때문이다.

길가메시 프로젝트가 실현된다면 이와 같은 일이 실제로 벌어질 수도 있다. 유발 하라리는 《사피엔스》에서 인류가 영생불사를 추구하는 것을 길가메시 프로젝트라고 불렀다. 길가메시는 메소포타미아 수메르 왕조의 전설적인 왕으로 수많은 신화에 등장하는 영웅이다. 그의 이야기는 길가메시 서사시로 전해져 내려온다.

길가메시는 아주 친한 친구 엔키두와 괴물 훔바바를 해치우는 모험을 한다. 결국 괴물을 죽이게 되지만 친구도 죽고 말았다. 친구의 죽음으로 상심하여 죽음의 공포를 느끼게 된 길가메시는 영생의 비밀을 찾아 떠났다. 그는 불사신이라는 우트나피슈팀을 찾아간다. 우트나피슈팀은 신들이 화가 나서 대홍수를 일으켜 멸종시키려는 것을 미리 알고, 모든 동물을 암수 한 쌍씩 배에 태워 살려 냈다. 우트나피슈팀은 그 공로로 불사의 약을 선물을 받게 된다. 길가메시는 그 약을 얻지만, 약을 먹기 전 목욕하는 동안 뱀이 그 약을 훔쳐 간다. 길가메시가 다시 찾아가서 약을 달라고 하자 우트나피슈팀은 이렇게 말한다.

"고향에 가서 의미 있는 일을 하고, 친구들과 맛있는 것을 먹고, 아름다운 여인과 사랑을 나눠라."

캘리코의 벌거숭이두더쥐

길가메시가 이루지 못한 꿈을 현재 구글이 만든 '캘리코'가 실현하려 한다. 구글 엔지니어링 이사인 레이 커즈와일은 2045년이 되면 인류는

‖ 벌거숭이두더지쥐

불멸의 삶을 살 수 있게 된다고 했다. 캘리코는 이를 달성하기 위해 로셸 버펜스타인 박사를 영입했다. 그녀는 1980년 이래로 벌거숭이두더쥐에 대해서 연구하고 있다.

벌거숭이두더쥐는 개미처럼 땅속에서 여왕쥐를 중심으로 군집생활(평균 60개체, 최대 300개체)을 한다. 번식하지 않는 쥐는 자연 상태에서 대부분 2~3년을 살지만, 번식하는 여왕쥐는 최장수 기록이 17년이라고 한다. 실험실에서 여왕쥐는 30년 이상을 살며 이 수명도 더 연장될 전망이다. 연구를 시작한 것이 1980년이고 현재는 30년(2019년 기준 39년)이지만, 연구가 더 진행된다면 여왕쥐의 수명은 더 늘어날 수 있다.

이 쥐는 나이가 들수록 사망률이 낮아진다. 여왕쥐의 경우 30살이 넘어도 새끼를 낳을 수 있고 심장 기능 등 신체 대사 지표가 정상으로 노화의 징후가 나타나지 않는다. 또한 DNA 복구 메커니즘이 거의 완벽해서 암에도 잘 걸리지 않는다고 한다. 연구진은 이 쥐의 혈액과 분비물을 분석하고, 구글의 인공지능으로 노화된 세포를 회복시키는 비밀을 풀고 있다.

이런 유전공학적인 연구 외에 조직 세포와 장기를 대체하거나 재생시켜서 원래의 기능을 되찾을 수 있게 하는 재생의학(또는 조직공학)도 진행되고 있다. 고령화사회로 들어서면서 장기를 기다리는 대기자가 공급되는 장기보다 많다. 우리나라 질병관리본부 장기이식관리센터의 자료에 따르면 2017년 7월 현재 장기이식률은 15퍼센트에 불과하다. 다른 나라도 마찬가지여서 이러한 수요를 따라가기 위해 기관을 만드는 실험이 이루어지고 있다.

1993년 미국 매사추세츠공과대학교와 하버드의과대학교 연구팀이 연골세포를 배양하여 귀 모양을 만든 후 실험쥐 등에 이식하여 가능성을 선보였다. 이후 심장판막, 연골, 피부 등 다양한 장기 및 조직을 재생하는 연구도 진행되고 있다.

줄기세포 연구

이보다 진보된 방법은 줄기세포의 이용이다. 줄기세포는 자가복제와 분화 능력이 있어서 만능세포(pluripotent cell)라고도 불리며 어떤 조직으로든 발달할 수 있다. 이는 크게 배아줄기세포(embryonic stem cells)와 성체줄기세포(adult stem cells)로 나뉘며 최근에 역분화줄기세포(유도만능줄기세포, induced pluripotent stem cells)라는 유사 배아줄기세포가 등장했다. 앞의 두 가지는 자연적인 줄기세포인데 후자는 인위적으로 만든 줄기세포다.

배아줄기세포에는 여러 종류가 있으나, 여기서는 복제 배아줄기세포를 설명해 보자. 여성 난자의 핵을 제거한 후 환자의 피부 등 세포에서

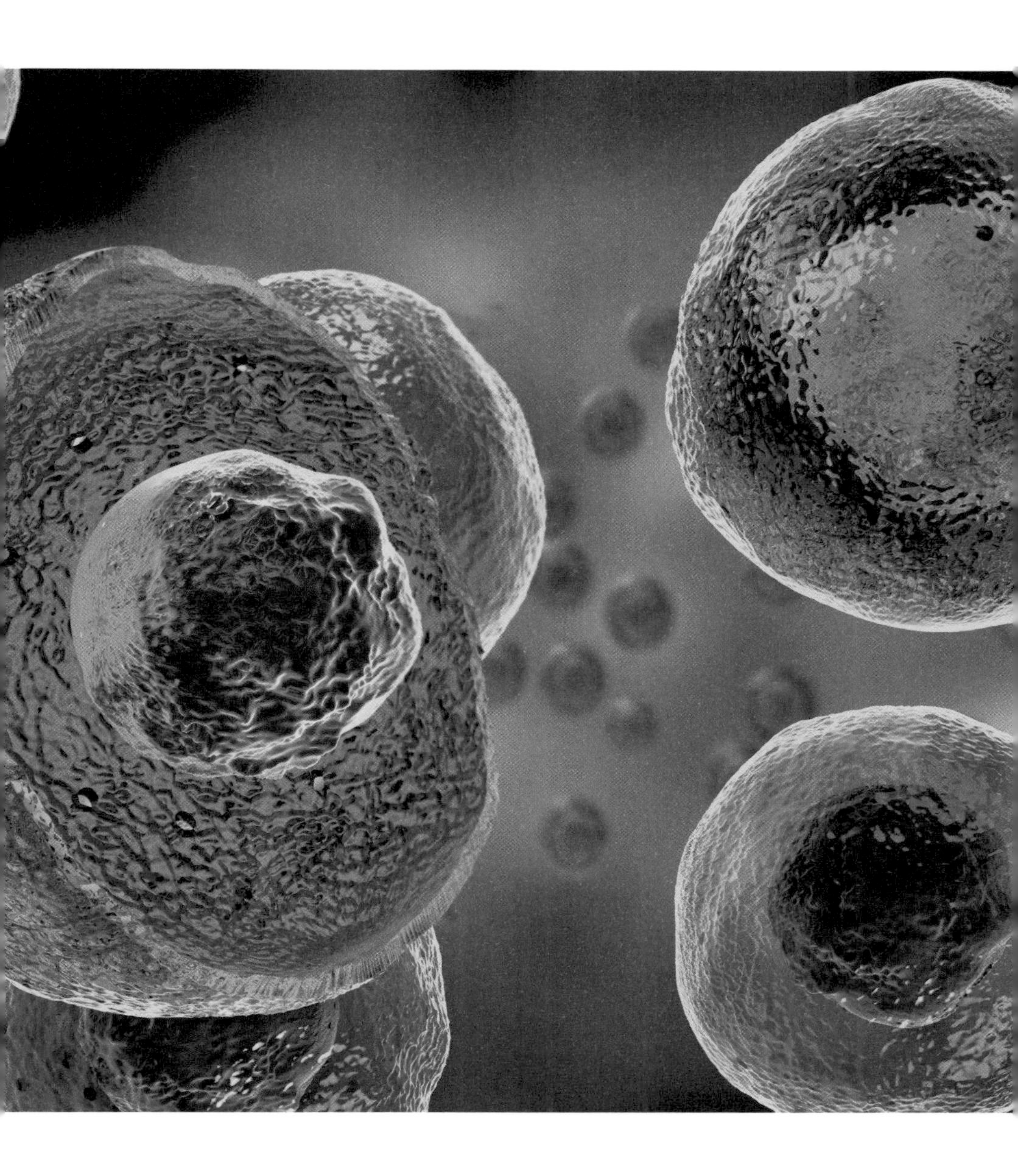

추출한 핵을 이식하여, 배아 단계에서 추출한다. 실험실에서 무한증식이 가능하고 모든 세포로 분화가 가능하지만, 암으로 발전할 위험성이 있다.

반면 성체줄기세포는 사람의 피부, 골수, 제대혈 등에서 아직 분화하지 않은 세포를 말하며 이식할 때 종양 문제가 적고, 면역 거부반응이 없다는 장점이 있다. 반면 증식이 어렵고 피부, 근육의 힘줄, 혈구 등 제한적으로 분화한다는 단점이 있다. 역분화 줄기세포는 자신의 체세포로 역분화를 유도하여 줄기세포를 만드는 것이다. 따라서 거부반응이나 윤리적인 문제가 없다. 하지만 성공률이 낮고 분화 능력과 안전성이 검증되지 않았다.

줄기세포 연구는 1998년 미국에서 처음 성공한 후 윤리성 논란을 불러일으켰다. 인간이 신의 영역에 도전한다는 비판이 나온 것이다. 2001년 조지 부시 미국 대통령은 배아줄기세포 연구에 정부 연구비를 지원하지 않겠다고 발표했고, 줄기세포 연구는 그 후 침체기에 들어섰다. 우리나라에서도 2005년 황우석 박사가 환자의 피부 세포로 배아줄기세포를 만들고, 면역 거부반응이 없는 맞춤형 치료를 할 수 있다는 논문을 발표했다. 하지만 직후 논문 조작이 밝혀지고, 난자 채취 과정에서 저지른 불법 의혹이 제기되면서 연구가 크게 위축되었다.

현재는 줄기세포 연구에 대한 분위기가 많이 달라졌다. 미 연방정부는 오바마 정부 시절인 2009년 3월에 줄기세포 연구 규제를 해제하면서 연구비를 대폭 증액했고, 일본 역시 역분화줄기세포 연구에 집중 투자를 시작했다. 최근 우리나라도 줄기세포 연구비 투자가 늘어나고 있다.

나노로봇

나노로봇의 크기는 1나노미터(nm, 1억분의 1미터)로, 원자를 3~4개 붙여 놓은 정도다. 사람의 혈관 속을 돌아다니면서 바이러스를 죽이거나 손상된 세포를 복원하는 데 나노로봇을 활용할 수 있다. 혈관 속 혈전을 분해해서 뇌출혈이나 심혈관 질환도 예방할 수 있다. 더 파급력이 큰 것은 고해상도의 뇌 지도를 만들 수 있다는 점이다. 그렇게 되면 뇌의 알고리즘을 컴퓨터로 분석하여 인간의 뇌에 대한 정보를 자세히 얻을 수 있게 된다. 혈관 속을 돌아다니면서 질병을 치료하려면 수백만 개 이상의 나노로봇이 필요하지만, 이 문제는 나노로봇이 스스로 복제할 수 있게 하면 해결이 가능하다. 학자들은 2030년 정도면 이런 나노로봇이 만들어질 수 있을 것으로 예상한다.

현재 나노로봇 기술은 어디까지 발달했을까? 2016년 7월, 미국 서던

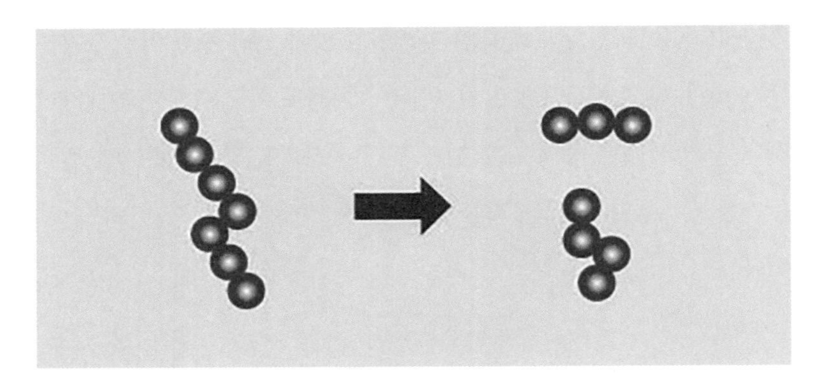

|| 진동주파수를 이용한 마이크로로봇의 분리 과정

메소디스트대학교 석좌교수팀은 지름 4마이크로미터(㎛) 정도의 자석 구슬 2개와 나노 입자 1개를 이어서 로봇을 만들었다고 국제학술지 〈사이언티픽 리포트(Scientific Reports)〉에 발표했다. 이 로봇은 자기장으로 이동 방향과 속도를 조절할 수 있는데, 4마이크로미터를 1초 만에 이동할 수 있다. 진동주파수를 조절하면 자석과 나노입자가 분리되기 때문에 항암제를 표적에 떨어뜨려 치료가 가능하다.

이런 기술들은 먼 미래의 일이 아니다. 초기에는 비쌀 테지만, 시간이 지날수록 가격이 낮아지면서 많은 이들에게 혜택을 줄 수 있다. 하지만 초기에 혜택을 받는 사람들은 돈이 많은 이들일 테고, 이들은 다른 사람보다 더 건강하게 생명을 연장하게 될 것이다. 이런 치료가 보편화될 때쯤 또 다른 기술이 개발되어, 부유한 이들은 또다시 차별화된 치료를 받게 될 것이다. 보편화는 항상 달팽이 걸음처럼 느리다.

길가메시 프로젝트

지금은 부자라고 반드시 오래 사는 것은 아니다. 가난해도 장수하는 사람은 얼마든지 있다. 치명적인 유전적 결함만 없다면, 가난한 사람들도 평범한 의료 혜택을 받으면 백 살 이상 살 수 있다. 값비싼 첨단 의료 기술의 혜택을 받아도 평균수명을 채우지 못하는 사람들도 허다하다. 그러나 길가메시 프로젝트는 다른 의료 기술과 달리 단순한 생명 연장이 아니다. 이 프로젝트는 유전적 한계를 넘어설 수 있기에, 오래 살 뿐만 아니라 신체적으로 강한 상태를 유지할 수 있게 한다. 근본적인 불평등을 제공하는 셈이다.

생명 연장은 꿈이 아니라 현실이다. 그로 인해 예기치 못한 일도 생겨날 것이다. 생명 연장과 더불어 나이와 신체적 강인함이나 외모가 비례하지 않는 상황에서, 앞서 J와 같은 사례들이 나타날 가능성도 크다. 지금까지는 '나이는 못 속인다'는 것이 보편적인 믿음이었지만 이것이 깨지는 날이 온다.

어떤 일이 벌어질지 한번 상상해 보자. 당장 결혼에 대한 관념이 달라진다. 결혼 적령기가 없어질 것이고, 평생을 한 사람과 결혼해 살아가는 일도 거의 의미가 없다. '황금기'나 '리즈 시절' 같은 인생의 절정기를 표현하는 말도 사라질 것이다. 직장에서는 정년을 둘 필요가 없어진다. 건강하고 젊게 5백 년을 살 수 있는데 고작 60세까지밖에 일하지 못한다면, 나머지 440년을 살아가는 비용은 어떻게 감당할 것인가?

물론 생명 연장 기술이 성공한다는 전제이며, 바로 5백 년을 살 수 있다는 건 아니지만, 현재의 과학기술로도 120세는 너끈하게 살 수 있다는 것이 일반적인 의견이다. 120세까지만 살아도 정년 후 60년에 대한 고민이 생긴다. 우리 사회는 이런 일들에 준비가 되어 있지 않다.

나이 듦을 엔트로피로 표현하자면 엔트로피의 증가다. 외모적으로는 주름이 생기고 몸매가 무너지는 것으로 나타난다. 노안이 생긴다든지, 체력이 떨어진다든지 나이를 실감할 수 있는 증거들이 나타난다. 만일 이런 시그널이 나이와 비례하지 않고 진행된다면? 나이가 들어도 노화가 더는 진행이 되지 않는다면? 인간관계를 비롯한 모든 것이 지금과는 달라질 것이다.

꽃을 든 남자

2006년 축구 인기스타 안정환은 배우 현빈과 화장품 광고를 찍었다. 당시만 해도 화장품 모델로 남자를 쓰는 일은 아주 새로운 시도였다. 화장은 여자들만 하는 것으로 생각하던 시절이었다. 하지만 최근에는 평소에도 화장하는 일반인 남자들이 늘어나고 있다. 남자들의 소품도 변화하고 있다. 1980년대만 해도 007가방까지는 아니더라도 서류 가방 이외의 것을 남자들이 들고 다니는 일은 상상하기 어려웠다. 하지만 이제 가볍고 크기도 작은 클러치백이나 맨스백(Men's Bag)을 들고 다니는 남자들이 많다.

이러한 소비문화는 산업구조 때문이라는 분석이 많다. 20세기 초중반 미국에서는 자동차가 대량으로 생산되고 전국적으로 도로망이 깔렸다. 남자들은 미대륙을 누비며 비즈니스에 전념했고, 제2차 세계대전, 한국전쟁, 베트남전쟁 등에 군인으로 파병됐다. 이 시기 집안의 대소사 결정은 모두 여자의 몫이었다. 우리나라도 유사한 패턴을 따라갔다. 한국전쟁으로 많은 남자가 전쟁에서 죽고 남은 여자들이 아이를 도맡아 키웠다. 이후 공업화가 국가 주도로 이루어지면서 남자들은 주로 직장에 있고 가정의 모든 결정은 여자가 하게 되었다. 주부들의 경제 선택권이 강화되자 소비문화는 여성 중심으로 흘러갔다. 육체노동이 중요한 산업화 시대에서 정보화 시대로 전환되면서 육체노동 없이도 자본축적이 가능한 시대가 왔다. 여성이 남성보다 우위가 될 수 있고, 여성이 남성을 선택하는 시대이기도 하다. 남자의 화장은 생존의 문제로 시작됐을지도 모르겠다.

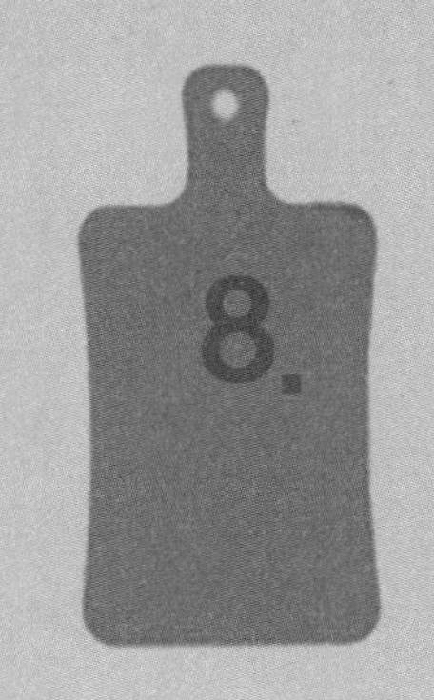
8.

유형의 경계가 무형의 경계를 만든다

수많은 경계가 겹쳐진 섬, 강화도

서울에서 그리 멀지 않은 거리에 있는 섬의 존재는 바쁜 생활과 대기오염에 고통받는 도시인에게 휴식처럼 여겨진다. 강화도는 수도권 사람들이 자주 찾고 사랑하는 낭만적인 섬이다.

이런 이유 때문인지 1990년대부터 내가 아는 사람만 해도 여럿이 강화도로 이주했다. 출판과 농사를 겸하는 사람, 어린이집과 숙박 프로그램을 운영하는 목사, 고등학교 첫 발령지였던 이곳에 아예 눌러앉은 고등학교 교사, 주말을 여기 별장에서 보내는 이들 등 다양한 형태의 사람들이다. 대안학교가 설립되자 학창 시절을 보내게 된 단기 거주자도 있다.

강화도에 무엇이 있다고 이렇게 다양한 사람들이 찾는 걸까 궁금해졌다. 앞서 말한 맑은 공기와 수도권 근접성만으로는 설명이 부족하지 않은가. 하지만 알고 보면 강화도는 이질적인 매력으로 가득한 곳이다. 이질적이라는 것은 다르다는 뜻이다. 다름은 차이를 드러내고, 그 차이가 경계를 만든다.

우리는 수많은 경계 속에서 살고 있다. 그 경계 덕분에 인식하고 행동할 수 있다. 쉬운 예로 낮과 밤이 있다. 물체는 자연히 주위 환경과 경계를 만들고, 생명체도 환경 속에서 자신의 존재를 드러내는 경계를 만든다. 경계는 다른 이질적인 물체가 만드는 면일 수도 있고, 공간일 수도 있다. 면일 때는 점이지대가 없지만, 공간일 때는 점이지대가 생긴다. 경계가 면이라면 어떤 물체의 윤곽 같은 것이라고 할 수 있다.

바닷물과 민물이 만나는 지역은 공간 경계를 만든다. 이를 기수역이라고 한다. 기수역에는 참게같이 그곳에만 사는 특정한 생물이 있다. 기수역처럼 유형의 경계도 있지만, 무형의 경계도 있다. 무형의 경계는 인간이 만든 산물이다. 국가는 인간이 만든 무형의 경계다. 국경은 무형의 경계가 만든 부산물이기에 정치 상황에 따라 무용지물이 될 수도 있다.

연미정과 월곶진

강화도에는 수많은 경계가 있고, 과거에도 있었다. 그 흔적을 알아

‖ 조운선(좌)와 연미정(우)

보자. 앞에서 말한 바와 같이 강화도에는 기수역이 있다. 강화읍 월곶리에 기수역을 바라볼 수 있는 연미정이 있다. 월곶리는 육지에서 내려온 한강과 임진강이 합류하는 곳으로, 한 줄기는 서해로 또 한 줄기는 갑곶 앞을 지나 인천 쪽으로 흐른다. 그 모양이 제비 꼬리 같아서 연미정이라고 이름 지었다고 한다.

연미정에 오르면 북쪽으로는 개풍군, 파주시가 보이고, 동쪽으로는 김포시가 한눈에 들어오는 절경을 볼 수 있다. 그래서 강화 10경으로 손꼽히기도 한다.

1906년 고재형이라는 선비는 《심도기행(沁都紀行)》에서 연미정에 올라 강화 지역 한강으로 배가 드나드는 모습을 보고 〈연미조범(燕尾漕

帆)〉이라는 시를 썼다. 〈연미조범〉은 '연미정 조운선의 돛대'라는 뜻이다. 천 척이나 되는 조운선이 돛을 활짝 펴고 장관을 이루는 모습을 시로 표현했다.

燕尾亭高二水中　연미정 높이 섰네 두 강물 사이에

三南漕路檻前通　삼남지방 조운 길이 난간 앞에 통했네

浮浮千帆今何在　떠다니던 천 척의 배는 지금 어디 있나,

想是我朝淳古風　생각건대 우리나라 순후한 풍속이었는데.

출처 : 국사편찬위원회

고려 시대와 조선 시대에는 세금으로 걷은 쌀을 운반하는 조운로가 있었으며, 여기에 사용되는 배가 조운선이다. 연미정 앞 월곶진은 전국에서 올라온 조운선의 물품을 점검하는 곳이었기에, 천 척이나 되는 조운선이 장관을 이루며 머물렀던 곳이다.

조선 시대에 강화도는 국가 비상시에 물자 보관소의 역할을 했다. 고려 시대에 몽고군이 침입했을 때도 비교적 해상 전투에 약한 몽고군을 피해 강화도로 수도를 천도했다. 대몽항쟁을 거쳐 이러한 역할이 굳어진 듯하다. 강화도는 개성과 가깝고 비교적 면적이 넓어 강화도는 몽고군을 피하기에 최적의 장소였다.

배들을 월곶진에 머물게 한 이유는 무엇일까? 한강은 바다에 면해 있어서 밀물과 썰물의 영향을 받는다. 밀물이 들어올 때 배를 띄우면 그 힘으로 한양까지 손쉽게 갈 수 있다. 월곶진은 썰물 때 정박하기 좋게 물이 빠져 있고 밀물의 힘을 빌려 한양까지 올라가기 좋은 위치였다. 월곶진에는 조류(潮流)를 기다리는 이들을 위해 객줏집이 성행했다고 한다. 하지만 지금은 주변에 몇 채의 인가와 논밭만 있어서 과거의 모습을 찾아볼 수는 없다. 연미정은 조선 인조 5년(1627) 정묘호란 때 청나라에게 굴복하여 강화조약을 맺은 아픔의 장소이기도 하다.

간척 사업이 계속된 강화도

강화도는 최적의 조건을 갖추었지만, 치명적인 단점이 있다. 바로 면적의 한계다. 누구나 매력적인 곳에서 살고 싶다. 한계를 극복하기 위해 우리 선조들은 간척 사업을 시작했다. 강화도 역시 간척 사업으로 섬의 면적이 확대되었다.

강화도 간척 사업의 역사는 고려 시대까지 올라간다. 몽고의 침입으로 고려 조정이 강화도로 수도를 옮길 때 개경에서 이주해 온 인구만 30만 명에 육박했다. 지금 강화도에 사는 인구보다 다섯 배가 많은 사람이 몰려왔고, 30여 년 동안 대몽항쟁이 지속됐으므로 생존을 위한 식량 증산으로 간척이 필요했다.

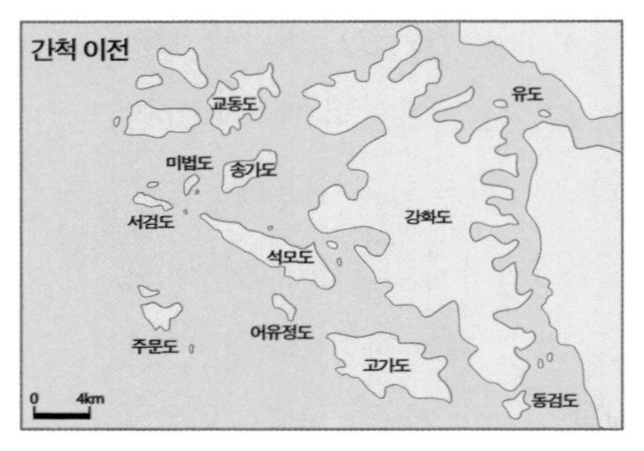

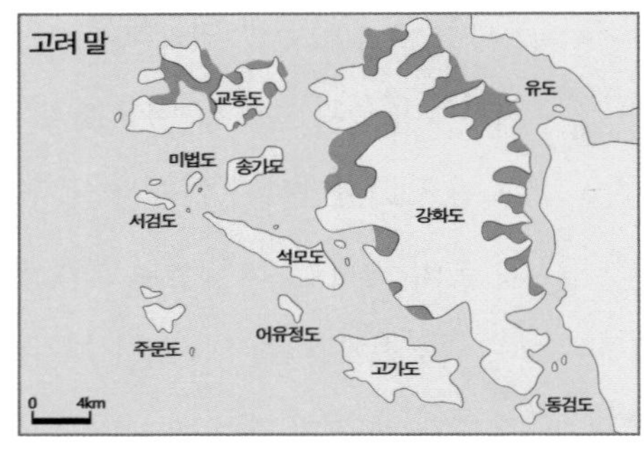

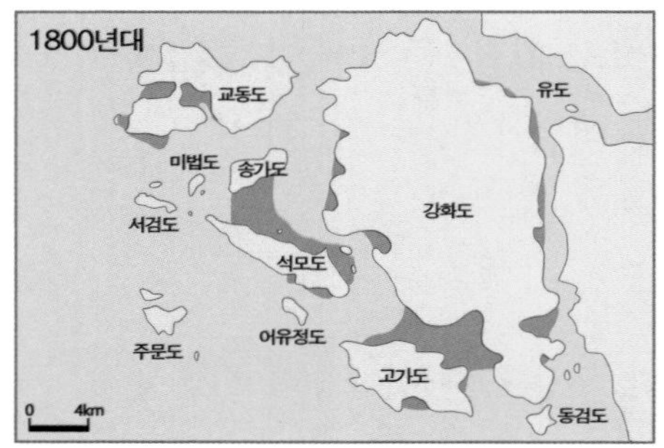

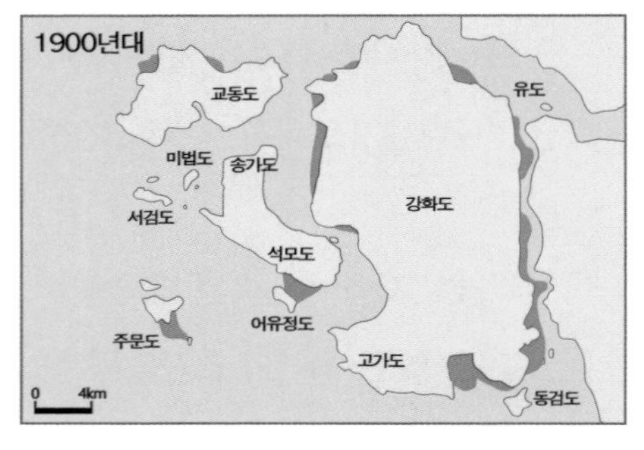

출처 《국토와 민족 생활사》, 최영준

‖ 강화 간척 사업 전개

기수역은 바다와 강이 만나는 곳에 생긴다. 강화도처럼 육지에 가까운 섬이 있다면 이런 환경이 만드는 경계는 위에서 본 것처럼 인간 생활에 많은 변화를 일으킨다. 조직화하는 것이다. 조운로와 간척지는 자연 상태에서는 없었다. 유형의 경계인 기수역은 유형의 경계인 간척지와 무형의 경계인 조운로를 만들었다. 그 과정에서 수도 천도가 일어났고 조운선, 객주, 연미정 등이 생겼다.

조운로는 지금은 없어졌지만 남아 있는 무형의 경계가 있다. 한강 하구 중립수역이다. 전 세계적으로 중립수역은 이곳 하나뿐이다. 우리나라가 북한과의 전쟁을 잠시 중단하고 있어서 생겼다. 이념 대립으로 남아 있는 유일한 지역이기도 하다. 외부 사람들 생각에는 남과 북이 대치하여 항상 일촉즉발의 긴장 상태에 있는 듯이 불안해 보일 것이다. 이런 긴장감을 해소하기 위해서인지 지금 강화도는 평화 교육의 장이 되었다.

교동도와 대룡 시장

2017년 3월 28일 행정자치부는 북한과 불과 3.2킬로미터 떨어져 있고 강화도에 붙어 있는 교동도를 '평화와 통일의 섬'으로 개발하려고 주민, 기업, 지자체와 협약식을 했다. 당시 전쟁을 피해 온 사람들은 3만여 명으로 100여 명의 실향민이 대룡 시장 인근에 살고 있다. 교동도는 2014년 7월 1일 본섬 강화도와 연결되는 교동대교 개통식을 가졌고, 이후 관광객이 많이 찾는 장소가 되었다.

교동도에서 가장 인기 있는 곳은 대룡 시장으로, 1970년대 풍경을 그대로 간직하고 있다. 시장 안 오래된 가게들과 옛 먹거리는 사람들의 추억을 소환한다. 인근에는 농촌도 혼재해서 도시와 농촌의 중간 형태를 유지하고 있다. 도시화의 거센 물결이 강화도를 휩쓸고 있지만, 이곳은 시간을 멈춘 것처럼 옛 모습 그대로다. 교동대교가 건설되면서 사람들이 줄지어 다리를 건너오고 있다.

대룡 시장의 모습은 농촌이 도시가 되어 가는 모습 즉, 경계를 보여준다. 대룡 시장이 도시화되는 것은 변화를 보고 알 수 있다. 술래잡기에서 '얼음'과 '땡' 사이에는 변화할 시간이 존재하지 않지만, 도시화에는 시간이 걸린다. 대룡 시장이 가진 옛 모습은 점점 사라지고 신축 건물이 들어서고 제비가 떠나기 시작한다면 도시화 과정이다. 대룡 시장을 중심으로 한 경계는 시간의 간극이 존재한다. 농촌에서 도시로 변화하는 전환기라고 할 수 있다.

대룡 시장에서 사랑받는 것은 제비다. 이제 도시에서는 거의 살지 않는 제비를 이곳에서는 흔히 볼 수 있다. 제비는 뻐꾸기의 탁란을 피하려고 인가에 둥지를 튼다고 한다. 제비가 먹을 벌레가 근처에 그만큼 많다는 뜻이기도 하다. 자연이 살아 있다는 증거이고, 그 지역의 생

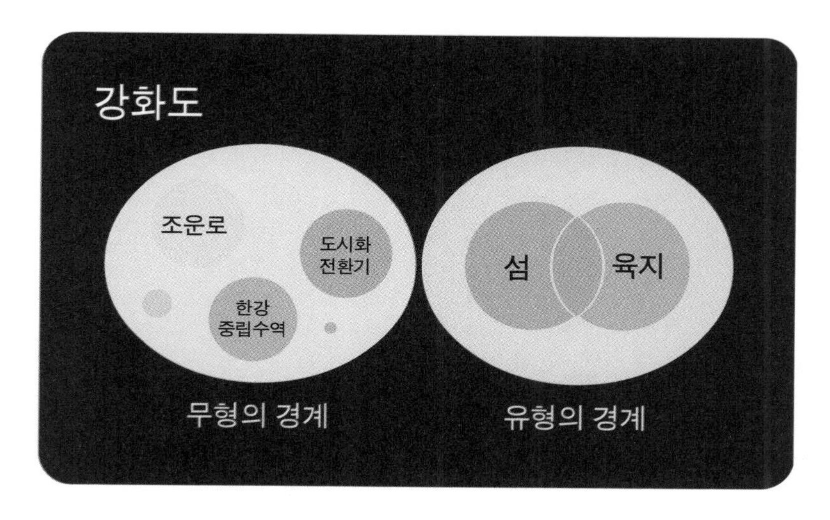

‖ 경계의 섬, 강화도

태 환경이 좋다는 것을 말해 준다.

한강 중립수역이나 대룡 시장의 경계는 인간에 의해서 만들어진 것이다. 인간의 활동이 무형과 유형의 경계를 만들며 이것은 자연을 재구성한다. 재구성된 것들, 즉 경계는 다시 인간에게 영향을 주고 재창조된다.

경계를 파악할 수 있는 안목을 지니고 방문한다면, 강화도를 이전의 열 배 이상 즐길 수 있을 것이다. 전에는 무심코 넘어갔던 것들에 주목해 다양하고 풍부한 해석을 할 수 있다. 《나의 문화유산 답사기》에서 유홍준은 '아는 만큼 보인다'라고 했다. 여기서 더 나아가 이렇게 말하고 싶다. "경계를 인식할 수 있다면 숨은 관계를 파악할 수 있고, 그 대상을 깊게 알게 된다."

경계의 잠재력

우리나라에도 국제결혼으로 맺어진 다양한 이주민 가정들이 있다. 과거에는 피부색이나 종교 등으로 차별을 받는 경우가 많았지만, 이는 점차 사라질 것으로 보인다. 학교에서도 이들을 잘 보살피기 위해서 교사들이 철저하게 교육을 받는다. 이런 사회 시스템 덕분인지 최근 들어서는 차별을 넘어서 이주민이 사회적으로 주목을 받고 큰 인기를 얻는 경우도 꽤 있다. 피부색은 다르지만, 때로 한국인보다 더 한국인 같은 그들은 보는 우리를 헷갈리게 만든다. 한현민, 라비는 영락없는 한국 고등학생의 모습으로 방송에서 시청자의 사랑을 받고 있다.

생육, 번식력 면에서 잡종이 양친보다 우수한 형질을 가지는 것을 '잡종강세'라고 하는데, 그래서인지 혼혈아는 외모나 두뇌가 뛰어난 경우가 많다. 부모의 유전자 가운데 부족한 부분이 채워지기 때문이다. 한국 사회에서 사는 이주민이나 혼혈인은 문화적이나 유전적으로 경계선에 있다. 영재와 창의력 교육 분야에서 세계적인 전문가로 손꼽히는 미국 윌리엄메리대학교의 김경희 교수는 미국은 소외된 계층(백인의 비율은 상대적으로 낮다) 학생에게 많은 투자를 하는데, 이유는 역경을 거친 학생일수록 창의적일 가능성이 크기 때문이라고 말했다. 경계를 넘어선 사람은 세상을 바꿀 힘을 가질 확률이 높아진다는 말이다. 이런 관점에서 이주민은 외국인과 한국인의 경계선에서 창의력을 발휘할 수 있는 잠재적 보고라고 할 수 있다.

9.

돈을 주고받을 때 무슨 일이 벌어지는가

미래의 자원과 화폐

오만 원짜리 지폐는 우리나라에서 가장 큰 화폐단위이다. 이 한 장으로 우리는 꽤 많은 것을 할 수 있다. 먼저 친구와 맛있는 식사를 함께할 수 있다. 높지 않은 가격의 청바지 한 벌을 살 수도 있다. 친구의 생일 케이크를 살 수도 있다.

이 지폐를 한번 살펴보자. 단지 종잇조각일 뿐이다. 어째서 단순한 종이 한 장이 이런 가치를 지니게 됐을까? 물론 한국은행에서 오만 원 지폐의 가치를 보증한다. 하지만 이 오만 원 신권이 처음 등장했을 때는 지하경제가 확대되거나, 은밀한 거래에 사용될 가능성을 제기하는 우려의 목소리도 있었다.

한국은행에 의하면 2017년까지 오만 원권은 발행 대비 은행으로 돌아온 비율이 60퍼센트 정도라는데, 그나마 증가한 것이다. 다른 지폐

‖ 오만 원 지폐

와 비교해 오만 원권 발행이 늘어나고 있다고 한다. 사라지는 오만 원권은 어디로 가고 있을까? 은행을 거치지 않은 검은 거래에 자주 등장하는 것이 음료수 박스, 사과 상자이다. 신권 오만 원은 음료수 박스에는 약 1억 원이, 사과 상자에는 무려 6억 원이 들어간다.

먹고, 입고, 인간관계에서도 충분한 역할을 하는 것이 돈이지만 검은돈으로 사용될 수 있는 것도 돈이다. 통계적으로도 오만 원 지폐가 은밀한 거래에 사용되고 있을 가능성이 충분하다. 돈은 어떻게 사용하느냐에 따라 다양한 가치로 환원된다.

화폐의 기능

만일 어떤 사람이 농사를 지어서 쌀을 수확했다고 가정해 보자. 이 사람은 자신이 먹을 양만 남기고 수확한 쌀을 팔아서 옷, 고기, 과일

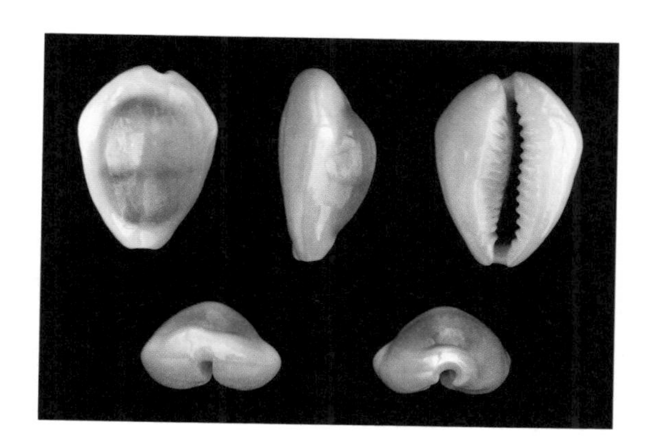
‖ 고대 중국의 패화

같은 다른 생필품을 구해야 한다. 교환하려면 무거운 쌀을 이고 다녀야 하니, 말이나 소가 필요하다. 말이나 소는 비싼 값으로 사거나 빌려야 하니, 가진 쌀과 교환해야 한다. 일단 이동 수단을 구했다고 가정하면, 쌀을 수레에 싣고 다니면서 판매자를 찾아야 한다. 화폐 경제가 아직 활발하지 않았을 때는 주기적으로 시장이 열렸다. 지금도 시골에 남아 있는 오일장이 바로 이런 형태이다. 하지만 앞에서 살펴보았듯이 농부가 쌀을 직접 판매하려면, 자신이 원하는 물건의 가치보다 더 많은 쌀이 들어간다. 판매 비용이다.

실제로는 중간상인이 생산자에게 쌀을 구매해서, 소비자에게 판매한다. 만일 상인이 쌀을 살 때, 쌀 생산자가 필요한 물품으로 값을 줘야 한다면, 상인 역시 대단히 불편할 것이다. 생산자가 필요한 것을 일일이 주기도 어렵다. 이때 필요한 것이 화폐이다.

화폐는 수송과 보관 과정에서 불필요하게 손실되는 물건과 에너지 낭비를 줄인다. 부의 축적을 편리하게 만들기도 한다. 쌀 백 가마니는 오래되면 썩지만, 화폐는 그렇지 않다. 다른 물건과도 편리하게 교환할 수 있다. 만일 화폐를 사용하지 않고 물건으로 교환한다면, 그 과정에서 시간이 걸려 물건이 썩을 수도 있다. 거래할 때마다 물건을 일일이 실어 날라야 하므로 수송에 에너지도 필요하다. 화폐를 사용하면 거래 과정에서 가치 하락을 줄인다. 내 물건의 손실을 줄이면서 다른 물건과 교환할 수 있게 된다.

이처럼 화폐의 중요한 기능은 물질 순환이다. 일설에 의하면 사람들 사이를 돌고 돌아서 돈이라고 한다. 돈이 순환하게 하는 재화는 자연의 산물이다. 자연은 끊임없이 순환한다. 순환은 중요한 기능을 한다. 고인 물은 썩듯이 순환하지 않는 자연은 건강하지 못하다.

자연의 세 가지 순환

자연에서 일어나는 순환은 세 가지 관점에서 볼 수 있다. 물리적 순환, 화학적 순환, 생물학적 순환이다.

물리적 순환은 암석의 순환을 예로 들 수 있다. 마그마에서 만들어진 화성암이 풍화와 침식작용으로 퇴적되어 퇴적암이 된다. 지각변동으로 압력을 받으면 온도가 높아진 퇴적암과 화성암이 변성암이 된다.

화성암, 퇴적암, 변성암이 더 큰 지각변동에 지하로 내려가면 마그마가 된다. 마그마는 다시 화성암이 된다.

화학적 순환에는 탄소순환이 있다. 지구는 생물권, 암권, 기권, 수권으로 나눌 수 있는데 이 사이에서 탄소를 매개로 이루어지는 순환이 발생한다. 대기 중 이산화탄소는 녹색식물의 광합성에 의해서 탄수화물로 축적된다. 식물에 축적된 탄수화물은 동물의 먹이가 되고, 영양분을 먹은 동식물은 호흡으로 이탄화탄소를 배출한다. 동식물의 사체나 배설물에 있는 탄소는 세균에 의해서 분해되어 공기 중에 이산화탄소 형태로 배출된다. 과거 고생대 때 동식물의 사체가 퇴적되어 만들어진 석유나 석탄 같은 화석연료는 인간에 의해 채굴되어 연료로 사용되고 이때 발생한 이산화탄소는 대기 중으로 돌아간다.

생물학적 순환에는 먹이그물이 있다. 생물은 분해자, 생산자, 소비자로 나눌 수 있다. 세균은 분해자로 사체를 분해해 순환시킨다. 생산자는 녹색식물로 광합성으로 영양분을 만든다. 소비자는 식물을 먹는 1차 소비자, 1차 소비자를 먹는 2차 소비자, 1차와 2차 소비자를 먹는 3차 소비자로 나눌 수 있다. 이 그물망이 복잡해야 외부 변화에 견딜 수 있는 자정 능력이 커져서 건강한 상태를 유지할 수 있다. 그물망이 단순하면 외부 충격으로 고리가 한둘 끊어졌을 때 그물코가 벌어지고, 연쇄적으로 다른 고리까지 끊어져서 커다란 구멍이 생기게 되고, 결국 그물이 구실을 하지 못한다. 생명의 그물이 단순하면 환경 변화로 어떤 생물이 멸종했을 때 먹이 순환 고리가 깨지고, 그 생물과 관련된 그물이 파괴되어 다른 생물까지도 생존의 위협을 받게 된다. 따라서 그물망이 복잡하다는 것은 외부 변화가 있어도 견뎌 낼 힘이 크다는 것이다. 그물망이 복잡하다는 것은 다양한 종이 산다는 것이므로 종 다양성은 생태계가 안정되는 데 반드시 필요하다.

앞서 세 순환은 별도의 순환 체계가 아니라 서로 연계되어 있다. 암석의 순환은 화학적 순환과 같이 일어나며 생물의 서식 환경에 영향을 미친다. 탄소의 순환은 암석의 풍화작용에 영향을 미치며 생물의 먹이인 탄수화물을 만든다. 생명의 그물 역시 이들 순환에 영향을 받는다. 이 세 가지 유형 중 가장 빠른 순환은 생물학적 순환이다. 그렇기에 생물학적 순환이 생태계가 건강하게 유지되는 데 가장 중요하다.

한 생명체가 건강하기 위해서도 순환이 잘 이루어져야 한다. 호흡, 배설, 혈액 등 건강에 결정적인 영향을 미치는 것들은 특히 그렇다. 먹고 먹히는 관계 속에서는 영양분이 한 생물에서 다른 생물로 이동하며 탄소의 순환이 일어난다. 녹색식물은 물과 이산화탄소를 이용해서 탄수화물을 만들고 이 영양분으로 다른 생물들이 먹고 산다. 생물이 죽으면 분해자에 의해서 자연으로 돌아가므로 죽음 역시 순환의 고리에 있다.

경제 순환과 화폐의 팽창

경제 순환과 자연에서 일어나는 순환이 똑같지는 않지만 비슷한 면이 많다. 경제 순환을 일으키는 핵심 도구는 돈이다. 돈이 원활하게 돌면 재물이 원활하게 이동한다. 생산이 증가하고 소비가 일어나는 것이 경제의 원리이다. 이것이 막히면 불황이 오고 인간의 생활은 궁핍해진다. 이런 경제활동은 자연의 순환도 촉진한다. 과거에는 불가능했던 자원의 이동이 가능해진다. 점심에 멕시코에서 생산한 아보카도를 먹었다면 경제 순환에 기여한 셈이다.

경제 순환이 자연계 순환과 다른 점은 자연의 자정 능력을 고려하지 않는다는 것이다. 이것은 시간의 문제이다. 자연 순환은 생각보다 서서히 일어나기 때문에 자연의 구성원이 적응할 시간이 있다. 그러나 인간의 경제 행위로 일어난 변화는 너무 급격해서 자연의 구성원이 적응하지 못하고 영원히 사라질 수 있다. 지금도 인간에 의해서 수많은 생물종이 멸종하는 중이다.

인간의 경제활동은 화석연료를 사용하면서 지구에 미치는 영향과

규모가 커졌다. 그래서 노벨 화학상 수상자 파울 크뤼천은 현재를 인류세(人類世, Anthropocene)라고 부르자 제안했다. 인류세의 시작을 내연기관을 발명하여 산업혁명이 발발한 18세기 후반부터로 보기도 하고, 최초의 핵실험으로 지구상에 거의 존재하지 않는 플루토늄 등 다양한 방사성원소가 지구 전체에 확산되어 지층에 띠가 만들어진 1945년 7월 16일부터로 보기도 한다.

인간의 활동은 화폐경제에 의해서 물질 순환의 속도를 높였고, 과학기술의 발전이 더해지면서 마침내 지층에 변화를 줄 정도로 영향이 커지고 있다. 인간의 욕구는 만족을 모르기 때문에 자연에서 자원을 얻으려는 과학기술은 계속 발달할 것이다. 화폐량은 지금도 멈추지 않고 끊임없이 증가하고 있다. 화폐는 언제까지 팽창할 수 있을까?

화폐의 기능은 교환이다. 교환 대상은 서비스, 예술작품, 자연 등이 있다. 서비스, 예술작품의 가치는 자연이 만들어 낸 산물과 교환이 가능하다. 예를 들면, 어떤 사람이 미술품을 골동품가게에서 십만 원에 구매했는데 알고 보니 이 작품이 고흐의 작품이어서 백억 원에 팔았다고 하자. 이 사람은 99억 9천 9백 9십만 원의 소득이 생겼다. 이 가치는 새롭게 창출된 것이다. 이 가치는 자연의 산물과 교환이 가능하다. 예술작품이나 서비스가 새롭게 창출되어도 이 가치들은 결국 자연이 만들어 낸 산물과 교환될 것이다. 따라서 화폐의 가치는 자연의 양이나 크기를 초과할 수 없다.

과거 일본 경기가 호황일 때 일본 도쿄를 팔면 미국을 살 수 있다는 말들이 오갔다. (정확하게 말하면 도쿄의 땅과 미국의 땅이다.) 그런데 얼마 후 일본 경기가 하락하면서 이런 일은 불가능해졌다. 일본 경기가 계속 좋았으면 정말 도쿄 땅을 팔아서 미국을 살 수 있었을까?

과거 화폐의 발행을 발행 기관이 보유하고 있는 은이나 금의 총량으로 한정한 적이 있었다. 그때는 이런 일들이 불가능했을 것이다. 일본의 사례는 과장을 보탠 이야기지만, 한 국가 안에서는 얼마든지 가능하다. 우리나라에서 가장 비싼 땅값을 자랑하는 명동을 팔면 시골의 땅을 얼마나 살 수 있을까? 명동에서 가장 비싼 땅은 2018년 기준으로 1제곱미터에 9,130만 원이라고 한다. 반면 우리나라에서 가장 싼 땅은 전라남도 조도면 임야로 1제곱미터에 205원이다.

화폐의 역사

화폐는 잉여생산물 즉, 먹고도 남은 생산물이 생긴 후에 만들어졌을 가능성이 크다. 자기 먹기에도 부족한데 다른 사람에게 팔기는 어렵기 때문이다. 초기에는 잉여생산물을 교환하는 시장이 형성되었을 것이다. 거래량이 많아지자 물물교환이 불편해졌다. 그래서 다 같이 인정하는 물건을 이용해서 상품을 교환하여 거래를 간편하게 할 필요성이 생겼다. 아무것이나 이용해서 교환할 수는 없다. 당시에 귀하고 널리 사용될 수 있을 만한 물건을 화폐로 사용했다. 화폐(貨幣)는 재물(貨)과 비단(幣)이라는 의미로 동양에서는 옛날에 비단을 돈으로 사용했다. 3천 년 전 중국 상나라에서는 보배조개를 화폐로 사용했다. 내륙에 위치한 나라여서 조개가 귀했기 때문이다. 사실 화폐의 재질은 상관이 없다. 그 가치를 인정할 수 있으면 돌도 화폐로 이용할 수 있다.

이후에는 구리, 은, 금 등 가치가 높은 금속으로 화폐를 만들기 시작했다. 동본위제, 은본위제, 금본위제가 그것이다. 그러다가 종이 화폐처럼 고유의 가치를 지니지 않는 것을 쓰게 되었다. 은본위제나 금본위제가 시행되던 시기에는 종이 화폐의 소유자가 화폐 발행을 주관하는 국가나 기관에 교환을 요구하면 지폐에 해당하는 만큼 금속을 교환해 주어야 했다.

사실 화폐는 국내에서도 중요하지만 국제 무역에서도 중요하다. 과거에도 국제간 무역은 중요한 부의 축적 방법이었다. 그런데 여러 나라가 무역을 하려면 공통의 화폐가 필요하다. 이것을 기축통화라고 한다. 최초의 기축통화는 그리스의 드라크마이다. 그리스 정치가 솔론은 아테네와 페르시아 간 무역을 증대하기 위해서 아테네 드라크마와 페르시아의 은화를 등가로 만들어서 유통했는데 나중에 드라크마가 기축통화가 되었다.

현대의 기축통화는 미국의 달러이다. 원래 달러는 금본위제였다. 지금 미국 연방 중앙은행은 달러를 금으로 바꾸어 주지 않는다. 금본위제는 1819년 영국에서 최초로 시작되었는데 1929년 세계공황으로 붕괴했다. 각국 정부는 기축통화인 파운드화를 태환(기축통화를 금으로 바꾸는 것) 가능하도록 국제적 신뢰 관계를 유지하고 있었다. 그런데 제1차 세계대전 이후 영국은 보유하고 있는 금보다 많은 돈을 찍어 내게 되었다.

영국과 프랑스를 비롯한 연합국은 전쟁 채무가 커져서 패전국인 독일에 막대한 배상금을 내라고 요구했다. 그러나 독일은 당시 배상금을 갚을 능력이 없었고, 결국 우경화하여 나치가 정권을 잡고 제2차 세계대전까지 일으키게 된다.

1944년 미국은 당시 세계 금의 80퍼센트를 보유하고 있었다. 그 결과 브레튼우즈체제로 달러가 세계의 기축통화가 되었다. 그러나 미국이 계속 재정을 방만하게 운영하자 프랑스가 협약에서 탈퇴했다. 게다가 베트남전쟁으로 막대한 전비를 지출하게 되자 1971년 8월 15일 미국의 닉슨 대통령은 금태환 정지를 선언한다. 이후 미국은 금 보유량과 상관없이 달러와 국채를 마구잡이로 발행하게 된다. 홍청망청 돈을 쓰던 미국은 수출보다 수입이 많아져 경상수지 적자가 발생하고, 세금 수입보다 정부 지출이 많아 재정 적자(이 둘을 합해서 쌍둥이 적자라고 한다)

가 늘어나게 되었다.

세계 대부분의 나라는 무역을 할 때 기축통화인 달러로 결재한다. 그런데 물건값은 그 나라의 화폐에 의해서 정해진다. 1985년 9월 22일 레이건 대통령은 미국 무역 적자의 가장 큰 원인으로 일본을 지목하고 엔화의 가치를 일방적으로 올리는 플라자합의를 강행한다. 경제 원리에 의해서 자연스럽게 화폐 가치가 결정된 것이 아니라 정치적 압박으로 이루어진 것이다.

엔화의 가치가 올라가면 이런 일이 발생한다. 엔화의 가치가 달러와 교환하는 비율, 즉 환율이 높아지면 일본의 물건 수출 가격이 높아진다. 만일 환율이 10퍼센트 올라간다면 그전에는 일본 물건 백 개를 백만 원에 살 수 있었는데 이제는 백십만 원을 주어야 한다. 일본의 생산 여건은 그대로이지만 환율이 올라서 물건값이 한 개에 만 원에서 만천 원으로 올라가는 억울한 일이 발생하는 것이다. 그러면 대개 필요한 물건 개수를 줄이고 돈에 맞추기 마련이다. 수입하는 나라는 백 개가 아니라 91개 정도를 사거나 물건 개수를 맞추려고 싸게 파는 다른 나라를 찾게 된다. 이렇게 되면 일본은 전반적으로 수출량이 줄어들어 경기가 하락하게 된다.

엔화 가치가 높아져 일본 물건이 비싸지자 이를 계기로 싼값으로 무장한 중국이 미국으로 수출을 시작했고, 중국이 경제 대국으로 발돋움하게 된다.

엔화가 강세가 되자 일본은 미국의 부동산을 마구 사들였다. 그런데 부동산 거품을 우려한 일본 중앙은행이 대출을 규제하고 금리를 올리자 부동산이 폭락했고, 일본인들은 엄청난 손해를 봤다. 일본인들이 부동산을 사들일 때 레이건 대통령은 부동산은 일본으로 가져갈 수 없다며 미소를 지었다고 한다.

교묘한 금융 사기

화폐는 귀한 물건으로 교환가치를 지니는 은이나 금과 같은 것으로부터 출발하였다. 이후 신용을 바탕으로 한낱 종잇조각에 가치를 매겨서 사용하는 단계로 발전했다. 유발 하라리는 『사피엔스』에서 호모사피엔스가 네안데르탈인과 경쟁해 이긴 이유는 눈에 보이지 않는 종교, 계급, 권력 같은 것을 믿는 신념 체계를 가지고 있기 때문이라고 말했다. 화폐 역시 이런 특징을 지닌 인간이 만든 신념 체계이다.

현대사회에 이르러 인간은 재산을 온라인상에 보관하기에 이르렀다. 투자도 금처럼 실물화폐나 신용화폐인 지폐뿐 아니라 온라인상의 가상화폐로 더 많이 무수히 이루어진다. 시스템의 작동 원리를 몰라도 온라인상으로 돈을 버는 세상이 되었다. 그런데 이러한 맹점을 이용한 사기도 벌어지고 있다.

2007년 미국에서 발생한 서브프라임 모기지 사태로 초대형 모기지론 대부업체들이 파산하면서 국제 금융시장도 연쇄적으로 경제 위기를 맞았다. 모기지론(Mortgage loan)은 주택을 구입할 때 돈을 빌려주는 것으로, 주택저당대출을 말한다. 예를 들어 10억 원짜리 집을 살 때 4억 원만 내고 6억은 빌리는 식이다. 이때 신용등급은 확실한 수입과 재산이 있는 프라임(Prime) 등급, 프라임보다 낮지만 어느 정도 신용이 있어서 돈을 떼어먹지 않을 것 같은 Alt(Alternative)-A 등급, 떼어먹힐 위험성이 아주 높은 서브프라임(Sub Prime) 등급으로 나뉜다.

2006년 미국 주택 시장의 거품이 최고에 이르러 집값이 치솟았다. 이때는 신용도 낮은 사람도 돈을 빌려 집을 살 수 있거나 심지어 돈을 한 푼도 내지 않아도 주택을 살 수 있었다.

거품이 꺼지고 경기가 나빠지자 일자리가 줄었다. 신용도가 낮은 서브프라임 계층이 실직해서 빚을 갚을 수 없게 되자 집을 팔기 시작했다. 매물이 늘어나자 집값이 하락했다. 서브프라임 계층들은 빚을 갚지 못하고 파산하게 되었다. 이런 상황이 되면 은행은 저당 잡힌 집을 빼앗아 낮은 가격에 팔아서 손실을 보전한다. 이렇게 되면 수습하지 못할 정도로 연쇄적으로 사람들이 파산하게 된다.

수많은 사람을 파산으로 몰고 간 모기지론을 발명한 사람은 블라이드 마스터스로 신용파생의 어머니로 불린다. 그녀는 영국 케임브리지대학을 졸업한 후 1991년 미국 투자은행 JP모건에 입사한다. 1994년 불과 만 26세(1969년생)에 획기적인 발명품인 CDS(신용부도스와프, Credit Default Swap) 시스템을 구축한다. CDS는 채무불이행 위험(Credit Default)을 서로 교환(Swap)한다는 것을 원리로 한다.

금융회사가 금융시장에서 가장 두려운 것은 채무자가 돈을 못 갚아서 돈을 떼이는 것이다. 예를 들면, 한 금융회사가 어떤 회사의 회사채를 구입한다. 회사채라는 것은 주식회사가 자금을 조달하기 위하여 채권이라는 유가증권을 발행하여 자금을 모으는 방법이다. 회사가 잘되면 이것을 산 사람들은 이자를 받을 수 있고, 값이 올라서 팔 수도 있다. 기업이 망하면 크게 손해를 보게 되지만, 보험회사가 보험료를 받고 이 회사채에 대한 지급보증을 해 주는 것이 CDS이다. 이 상품은 날개 달린 듯이 팔려서 당시 미국은 기업의 파산 비율이 최고로 낮아지고 경기가 호황을 이어갔다. 이런 역할 때문에 CDS는 금융시장 최고의 발명품으로 대우받았다.

영화 〈빅쇼트〉에서는 이것을 음식에 비유한다. 어떤 레스토랑에서 고가의 생선을 구입해서 생선 요리를 팔았다. 자투리 부위가 남았는데 그냥 버리는 부위이다. 하지만 이들을 모아서 생선 스튜를 만든다면 신선한 생선이라서 문제도 없고, 자투리를 팔아서 새로운 이익을 창출하는 셈이다. 요즘 고깃집에서 유행하는 '뒷고기'라는 것이 있다. 한마디로 '뒤로 빼돌린 고기'라는 뜻이다. 김해에는 도축장이 두 곳이 있다. 이곳에서 기술자들이 돼지고기를 손질하면서 조금씩 잘라 내서 포장마차같이 허름한 음식점에 팔았다고 한다. 1990년대 들어서 도축장 관리가 철저하게 되어 빼돌릴 고기가 없어졌다. 그러자 돼지머리에서 분리한 여러 부위와 삼겹살, 목살 등을 섞어서 팔게 되었다. 상품성이 없는 자투리 고기로 창의적인 메뉴를 만들어 새로운 수익을 창출한 것이다.

블라이드 마스터스는 CDO(부채담보부증권, Collateralized Debt Obligation)라는 상품도 개발했는데 이것은 금융기관이 보유한 대출채권이나 회사채를 한데 묶어 만든 상품이다. 문제는 우량채권 사이에 부실채권을 섞어서 판 것이다. 신용등급이 낮은 채권이 섞였지만 보험회사와 CDS 계약을 맺으면 부도 위험이 낮아져서 높은 신용등급을 받을 수 있다.

뒷고기처럼 상품성이 없는 자투리 고기를 이용해서 상품성 있는 요리를 만드는 것은 지구환경에 해를 끼치지 않는다. 그러나 서브프라임 모기지론처럼 신용등급이 낮은 채권을 높은 채권과 섞어서 신용이 높은 것처럼 위장하는 것은 윤리적인 문제뿐만 아니라, 금융 생태계에 문제를 일으킨다. 실재하지 않는 가치를 창출한 것이 문제이다.

서브프라임 모기지론으로 대출을 해서 산 집 가격이 올랐다고 가정해 보자. 집값이 떨어지기 전 적절한 시기에 큰 수익을 보고 팔았다. 이렇게 해서 백만 달러를 벌었다고 가정하자. 이 백만 달러로 식료품을 샀다고 해 보자. 백만 달러어치 농산물은 사람의 생존을 연명하게 하는 도구적 가치가 있다. 그런데 이때 지불한 백만 달러는 실재하는 가치를 팔아서 번 돈이 아니다. 현대사회는 육체노동이나 정신노동으로 버는 돈보다 금융거래를 통해서 돈을 버는 사람들이 수입이 좋은 경우가 많다.

생태계가 정상적으로 유지되려면 각 구성 요소들이 건강하게 존재해야 한다. 서브프라임 모지기론처럼 신용이 낮은 채권을 신용이 높은 것처럼 속여서 돈을 버는 사례가 많아지면 어떻게 될까?

금융 사기를 통해 번 돈은 불로소득이다. 이렇게 번 돈으로 생태계 자원을 없앤다면 생태계는 교란될 것이다.

미래의 자원과 화폐

13세기 세계 최대 제국이 된 원나라는 중상주의 국가였다. 원나라

실재 가치

물물교환
엔트로피=물건

태환 화폐

은·금본위제
엔트로피=화폐

신용화폐

엔트로피≠화폐

‖ 화폐의 변화

는 유라시아라는 광대한 영토를 확장하면서 화폐유통을 장려하기 위해서 동전을 없애고 지원보초라는 지폐를 발행했다. 이 화폐는 은으로 교환 가능한 태환 화폐로 유라시아 대부분 지역에서 통용되었다.

원나라는 재정지출이 필요할 때 세금을 무겁게 매기고 지폐를 마구 발행했다. 당시 원나라는 약 백만 명의 몽골인이 고급 관리를 맡아 지배 계층을, 정치와 재정 분야는 약 백만 명의 색목인(위그르족, 탕구르족, 아랍인, 유럽인 등)이 맡아 준지배 계층을 이루는 구조였다. 그리고 칠천만 명에 달하는 남인과 한인은 하급 관리나 생산직을 맡았다. 이들은 과도한 세금에 시달렸던 반면에 지배 계층은 사치와 향락에 빠졌다. 특히 왕실은 라마교에 심취하여 대규모 사찰을 건축하고 화려한 법회를 여느라 국고를 탕진했다. 이에 위조화폐가 등장하여 경제가 교란되고 마침내 초인플레이션이 발생해 국력이 약해져 멸망하고 만다.

물론 지금은 13세기가 아니다. 과학기술이 월등하게 발달했다. 생태계 부양 능력 즉, 지구가 동식물을 먹여 살릴 수 있는 능력은 과거나 지금이나 같지만, 자원을 이용하는 과학기술이 점점 발전하기 때문에 통화량이 많아져도 화폐가치가 쉽게 떨어지지 않고 있다. 과거부터 원유가 고갈될 것이라고 경고하는 학자들이 많았지만, 북미 대륙에서 엄청난 양의 오일샌드(oil sand)가 발견되면서 그 예측이 무색하게 되었다. 그러나 조금 시간을 연장했을 뿐 언젠가 이용 가능한 지구의 자원은 고갈된다.

지구 자원이 한정되어 있다면 우주에서 그 답을 찾을 수 있을까? 인류는 오래전부터 화성 식민지 계획으로 지구 자원의 한계를 벗어나려고 하고 있었다. 당연히 우주를 개척하는 일은 그리 쉽지 않다. 일단 외계로 이주하는 데 막대한 에너지가 소모되기 때문이다. 얼마나 많은 사람이 화성으로 갈 수 있을까? 이주가 힘들다면 화성에서 자원을 채굴해서 지구로 보내면 어떨까? 모자라는 지구의 자원을 보충할 수 있지 않을까? 하지만 보내는 자원의 가치보다 보내는 데 사용되는 에너지가 더 클 수도 있다. 우주 식민지 개발도 실패한다면 돈이 있어도 더는 자원을 살 수 없다는 의미이며, 이는 곧 인류의 멸망이다.

이러한 문제에 재생에너지도 해답의 하나가 될 수 있다. 태양에너지 발전이나 풍력 발전은 실재하는 가치가 있는 에너지를 사용할 수 있도록 바꾸는 장치이다. 20세기가 화석연료의 시대였다면, 21세기는 태양의 시대라고 한다. 여기서 잠깐 상상해 본다. 태양 본위의 화폐가 있다면 어떨까? 우리가 현재 사용하고 있는 옷, 전자제품 등 대부분의 물건이 석유에서 만들어진다. 과학기술이 발달하여 태양에너지로 물질을 만들어 내는 기술이 발달하면 어떻게 될까? 환경오염도 태양에너지로 해결될 수 있다면? 태양에너지를 사용한다면 인류는 우주로 나아갈 수 있는 시간을 벌 수 있을 것이다.

태양에너지가 화폐의 조건에 정확히 부합하는 것은 아니다. 화폐가 되려면 어느 정도 희소성도 있으면서 사용할 수 있을 만큼 많아야 한다. 화폐의 조건을 정리하면 가치의 측정, 교환의 매개, 가치의 저장이다. 이런 면에서 태양에너지는 화폐로서 사용이 어렵지만, 그 점의 극복 가능성을 보여 준 영화가 있다. 바로 〈가디언즈 오브 갤럭시 2〉이다. 이 영화에는 소버린 행성에 사는 황금빛 피부의 외계 종족이 등장한다. 이들 행성에는 애뉼렉스 배터리가 있다. 이것은 태양에너지를 고에너지 형태로 저장할 수 있는 배터리이다. 상당히 귀하여 암시장에서 비싸게 팔린다. 영화에서처럼 태양에너지도 저장이 가능하다면 화폐의 조건에 부합될 수 있을 것이다.

공상과학소설에서 등장하는 첨단 기계나 무기가 현실로 만들어진 경우가 많다. 1870년 쥘 베른의 소설 《해저 2만리》에 등장하는 잠수함, 1932년 올더스 헉슬리가 발표한 《멋진 신세계》의 4D 영화관 등은 실제로 구현되었다. 만일 강력한 태양에너지 저장 장치를 만들 수 있다면, 가정이나 소규모 집단에서도 사용이 가능해질 것이다. 이런 즐거운 상상이 부디 실현되길 바랄 뿐이다.

앞서 말했듯 이제 돈은 실재하는 가치가 아니다. 돈은 인간의 경제 행위를 지속하게 하는 목적이자 윤활유이다. 원나라가 망한 것은 원나라의 통제 아래 경제라는 기계를 작동시킬 동기가 사라졌기 때문이다. 기계를 작동시켜 봤자 대부분의 사람은 가난하고 엉뚱한 사람들이 이익을 얻었다. 무조건 경제 규모만 키우는 데 대한 지적이다. 경제라는 기계가 작동하는 이유가 사라진다면 기계는 돌아가지 않을 것이다. 크기는 그대로 두더라도 최소한 대다수 구성원이 고루 실질적인 이득을 얻을 수 있어야 한다. 이른바 지속 가능한 발전을 추구하는 것이 옳다는 데에 전 세계적인 합의가 필요하다.

이자 없는 대출

우리나라는 오랫동안 단일민족으로 살아왔기에 외부 문화권에 대한 배척도 큰 편이다. 특히 이슬람에 대한 편견이 강해서 이들의 사회와 문화에 대해 알려진 부분이 적다. 그 가운데 신기한 점은 은행에 이자가 없다는 것이다. 이슬람 율법 샤리아(Shariah)는 이자를 받는 행위를 금지하고 있다. 돈을 빌려주고 이자를 받는 것은 불로소득이라고 여긴다. 부당한 이익을 취하는 것이고 돈을 빌리는 사람을 착취하는 행위로 본다.

일반적으로 은행에서는 돈을 빌려주고, 사업의 성공과 실패 여부와 상관없이 자금을 회수한다. 수수료만 받으면 된다는 식이다. 그러나 이슬람 은행에서는 돈을 빌려주는 일을 투자 개념으로 생각한다. 이자 수수료로 돈을 버는 게 아니라 투자에 따른 이익 배분을 한다. 돈을 투자하여 수익을 나누고, 사업이 실패하면 위험부담도 나눠 갖는다. 이런 차이 덕분에 글로벌 금융위기에도 이슬람 금융권은 상대적으로 건실한 것으로 나타났다. 이들 금융회사는 대출자가 아니라 사업의 파트너이고, 투기적 자금에 대해서는 돈을 빌려주지 않는다. 이슬람 금융에서는 미국에서 발생한 서브프라임 모기지 같은 사태는 일어날 수 없다. 은행도 과도한 신용 대출의 위험을 부담하기 때문이다. 그래서 미국이나 우리나라처럼 금리가 낮아지면 부동산을 대출로 구매하는 사람들이 늘어나 수요가 창출되고, 부동산 가격이 올라 자산 가격이 상승하는 투기적인 순환 구조가 사라졌다.

10.

외계인은 존재한다

미지의 존재에 대한 탐구

붉은색의 화성은 옛날부터 부정적이고 불길한 이미지였다. 화성의 영문명인 '마르스(Mars)'는 로마신화 전쟁의 신에서 따온 것이다. 동북아시아에서는 '화성(火星)'이라는 불의 이미지로 이 별의 색을 표현했다. 2018년 7월 28일 새벽에는 지구와 화성이 가까워지는 '화성 대접근' 현상(142쪽 참조)이 있었는데, 이때는 육안으로도 화성의 붉은색을 확인할 수 있었다.

화성은 생명체가 발견될 가능성이 있다고 여겨지는 가장 가까운 별이기도 했다. 많은 사람이 화성에 물이 있고, 운하도 존재한다고 믿었기 때문이다. 생명체가 살기 위한 가장 중요한 조건이 물의 유무인데, 화성에 물이 있다면 외계 생명체가 존재할 가능성이 크다. 더 나아가 화성에 운하가 존재한다면, 운하를 건설할 지적 능력이 있는 생명체가

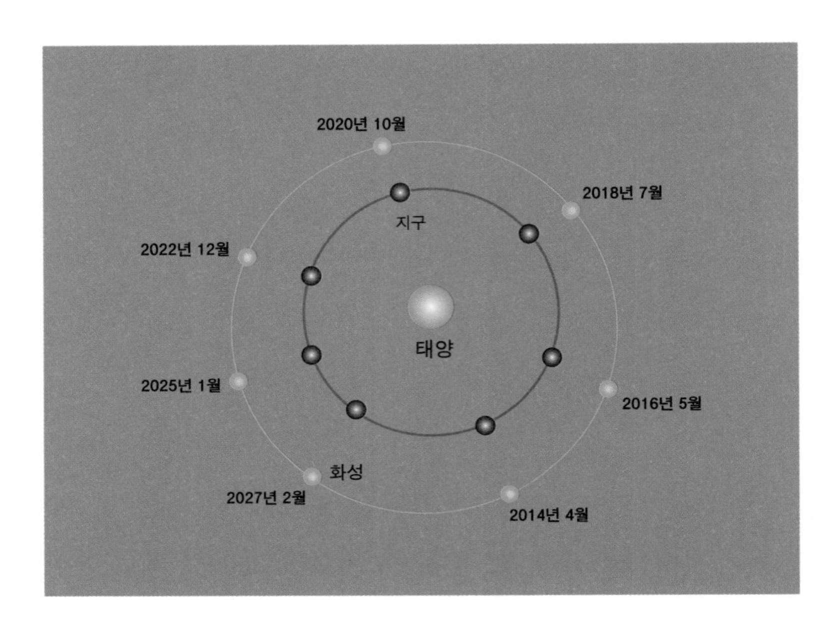

‖ 화성의 지구 접근

있음을 의미한다. 이것이 사람들이 화성 탐사에 더욱 관심을 기울일 수밖에 없던 이유이다.

1965년 미국의 화성 탐사선 매리너 4호가 실제로 관찰한 결과, 화성에 운하는 존재하지 않았다. 이런 오해가 시작된 것은 1858년 이탈리아 천문학자 조반니 스키아파렐리(1835~1910)가 화성 표면에서 긴 줄무늬를 발견하고 이를 이탈리어로 '고리(canali)'라고 이름 지은 데서 비롯되었다. 이것이 영어 '운하(canal)'로 번역되면서 오해가 발생한 것이다.

이탈리어와 영어에서 운하는 자연적, 인공적인 것 모두를 의미한다. 그러나 1986년 수에즈운하, 1880년 파나마운하가 건설되면서 인공적인 운하 건설에 대한 사람들의 관심이 높아져 있었다. 그래서 화성의 운하 이야기를 자연스럽게 인공적인 것으로 생각했던 것이다.

외계 생명체의 존재

허버트 조지 웰스의 《우주 전쟁》이라는 소설은 외계 생명체에 대한 관심이 높던 시기 출간되었다. 소설에서는 어느 날 커다란 원통들이 갑자기 지구에 떨어진다. 거기서 세 다리 기계를 타고 나온 화성인에게 지구인들은 속수무책으로 공격당한다. 《우주 전쟁》 이후 화성에 온 외계인이 등장하는 각종 소설과 영화가 나오는데, 공통적으로 나타나는 특징은 외계인에 대한 공포다. 이런 공포는 UFO(Unidentified Flying Object, 미확인 비행 물체)로 이어진다.

1947년 미국 뉴멕시코 로즈웰에서 한 농부가 미확인 물체의 잔해를 발견했다. 그 지역 보안관이 공군에 연락한 뒤, 조사를 마친 공군은 '비행접시 잔해가 발견됐다'라고 발표한다. 바로 다음 날, 발견된 잔해가 기상 관측용 기구의 일부였다고 번복한다. 이후 그 일은 사람들의 기억 속에서 사라졌다가 그때 발견된 외계인 해부 동영상이 존재한다는 것이 알려지면서 공포가 되었다. 이 동영상은 이후 조작된 것으로 밝혀졌지만, 외계인과 비행접시를 보관하고 있다고 알려진 51구역에 대한 의문은 끊임없이 제기되고 있다. 51구역은 미국 네바다 사막에 있으며, 정식 명칭은 그룸 호수 공군기지다. 지하에 시설이 있으며 철저하게 통제되고 있고, 취재나 사진 촬영도 금지되어 있다.

인류는 아주 오래전부터 보이지 않는 것을 믿어 왔다. 각 민족마다 신화가 있다. 우리 민족에게도 동굴에서 마늘과 쑥만 먹고 백일 동안 버텨서 곰이 여인이 되었다는 단군신화가 있다. 보이지 않는 것을 믿는 힘은 민족을 결속하게 만든다. 신화는 민족의 정체성을 확립해 주고 지도처럼 삶의 갈 길을 알려 주는 역할을 한다. 현대에도 신화의 기능이 필요하다. 그래서인지 사람들은 알지 못하는 생명체를 두려워하면서도, 한편으로는 호기심을 억누르지 못한다. 다만 미래에는 신화의 범주가 인류 전체가 되어야 한다. 그래야 배타주의가 사라지고 평화를 구현하는 일이 공동 목표가 될 수 있다.

과학도 이런 기능을 할 수 있다. 우주가 어떻게 시작되었는지, 항성과 행성은 어떻게 만들어졌는지, 지구에서 생명은 어떻게 살 수 있게 되었는지, 인류는 어떻게 지적 능력을 가질 수 있었는지 등 현대의 신화는 과학으로 대체될 수 있다.

외계인의 존재도 어떤 의미로는 신화다. 그런데 인류는 외계인의 존재 유무를 과학으로 증명하고 싶어 한다.

프랭크 드레이크 박사는 외계인의 존재 유무를 확률적으로 계산하였다. 신화가 과학으로 대체되고 있는 것이다. 과학에는 보이지 않는 것을 증명해 낼 힘이 있다. 아래의 방정식으로 인간이 교신할 수 있는 외계인 수를 계산할 수 있다.

$$N = R^* \times f_p \times n_e \times f_l \times f_i \times f_c \times L$$

N : 우리 은하 내에 존재하는 교신이 가능한 문명의 수

R^* : 우리 은하 안에서 1년 동안 탄생하는 항성의 수

(= 우리 은하 안의 별의 수/평균 별의 수명)

f_p : 이 항성들이 행성을 갖고 있을 확률 (0에서 1 사이)

n_e : 항성에 속한 행성들 중에서 생명체가 살 수 있는 행성의 수

f_l : 조건을 갖춘 행성에서 실제로 생명체가 탄생할 확률 (0에서 1 사이)

f_i : 탄생한 생명체가 지적 문명체로 진화할 확률 (0에서 1 사이)

f_c : 지적 문명체가 다른 별에 자신의 존재를 알릴 수 있는 통신 기술을 갖고 있을 확률 (0에서 1 사이)

L : 통신 기술을 갖고 있는 지적 문명체가 존속할 수 있는 기간 (단위: 년)

그가 사용한 수치대로 계산하면 다음과 같다.

N = 10년 × 0.5 × 2 × 1 × 0.5 × 1 × 10,000년 = 5만 개

1961년에는 인간이 교신할 수 있는 외계인 수가 10이었는데 그 사이 가능성이 높아져 5만 개로 늘어났다. 단, 이것은 우리 은하에 적용할 때이다. 전 우주로 확대하면 교신 가능한 외계인은 상상을 초월하게 많아진다. 마지막은 우리에게 달려 있다.

우리가 빨리 멸종해 버린다면 접촉할 수 있는 외계 문명 수가 줄어들 것이다. 반대로 상대인 외계 지적 생명체가 멸종해 버린다면 우리가

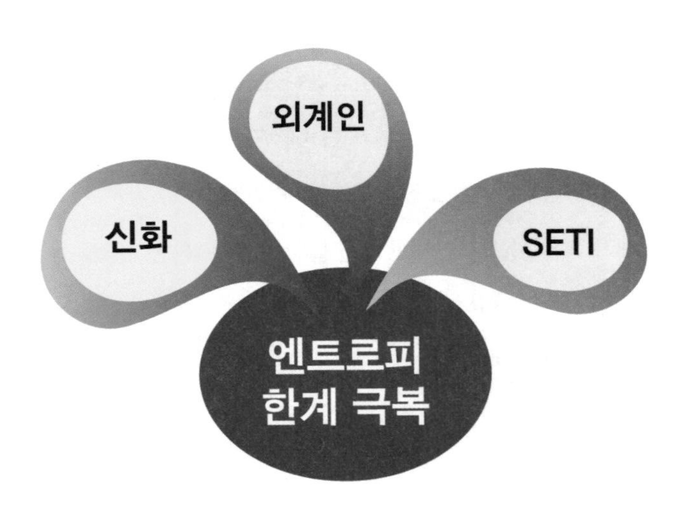

접촉할 수 있는 외계 문명 수가 줄어든다.

외계 지적 생명체의 존재에 대한 추측과 아울러 실제 그들을 찾는 SETI(Search for Extra-Terrestrial Intelligence) 활동도 진행되고 있다. 문명이 발달한 생명체라면 통신수단 역시 발달했을 것이라는 가정 아래 이들이 송출하는 전파를 찾는 것이 이 프로젝트의 주목적이다. SETI는 1896년 니콜라 테슬라에 의해 제안되었으나 기술적 문제로 지연되다가, 미국에서는 1960년 오즈마 계획(Ozma Project)으로 현실화되었고 소련에서 역시 유사한 프로젝트가 있었다. 이후 NASA가 주도하여 이끌었으나 1993년 미국 의회에서 세금 낭비라는 이유로 지원을 중단했다.

이제 이 연구는 민간 후원을 받아 지속되고 있다. 특히 인터넷이 본격적으로 사용된 이후 네트워크 컴퓨팅을 이용한 방법이 활용되기 시작했다. 외계에서 온 전파를 수신하고 이를 분석하는 서버를 운영하려면 많은 비용과 인원이 필요한데 이를 자원봉사자들을 통해 해결하는 방식이다. 이것을 네트워크 컴퓨팅을 위한 버클리 공개 인프라스트럭처(Berkeley Open Infrastructure for Network Computing, BOINC)라고 한다. BOINC의 홈페이지에 접속하여 프로그램을 설치하면 누구나 이 프로젝트에 기여할 수 있다.

현재는 외계 생명체를 찾는 것 이외에 다양한 과학, 수학 분야의 연구에 컴퓨터 자원을 기부하는 프로젝트가 있다. 외부에서 이용할 수 있게 하면 내 컴퓨터의 속도가 느려질 것이라는 우려를 할 수 있으나, 대기시간을 이용하기 때문에 그럴 염려는 없다. 버클리 공개 인프라스트럭처(BOINC)에 가입하면 다양한 계층의 집단이 수많은 주제로 수행하는 프로젝트에 참여할 수 있다. 앞서 말한 역사적 책임에 개인으로도 보탬 할 수 있는 셈이다.

광활한 우주를 생각하면 외계 생명체가 존재하는 일은 당연하다. 앞서 드레이크 방정식에서 봤듯이 확률적으로도 분명 외계인은 존재할 것이다. 그러나 외계에 지적 생명체가 있다고 하더라도 먼 우주 공간을 날아서 지구를 방문하는 것은 기술적으로 거의 불가능하다. 지금 우리의 기술 수준도 기껏해야 사람을 달까지 보내는 것에 불과하다.

미지와의 조우

만약 외계인이 지구에 온다고 가정해 보자. 그들은 어떻게 행동할까? 우리가 신대륙을 발견했을 때와 크게 다르지 않을 수도 있다. 인류는 새로운 개척지를 방문하면 그곳의 동식물과 원주민을 착취하고 학살했다. 외계 생명체가 지구에 올 정도의 과학기술을 보유했다면 우리보다 월등한 성능의 무기를 가지고 있을 가능성이 크다. 이제는 외계 존재에 대한 의구심보다 '외계와 어떤 방식으로 만날 것인가'에 초점을 맞춰야 한다. 어쩌면 그 만남은 세상에 떠도는 소문처럼 이미 이루어지고 있는지도 모른다.

외계 생명체를 찾는 일을 경제적 성과가 거의 없는, 쓸모없는 일로 보기도 한다. 그러나 과학을 단순히 경제적 관점으로 볼 수는 없다. 과학은 문명이 지닌 문화의 한 부분이기도 하다. 인간은 사물을 관찰하고, 그 현상을 설명하려는 욕구가 있다. 인간의 이런 특성에서 비롯된 학문이 과학이다. 가장 진보한 인간의 문화는 어떤 현상이든 과학적으로 설명할 수 있어서 논리적인 이해가 가능하게 될 것이다.

인류의 외계인에 대한 이미지는 '두려움'이다. 하지만 그것만은 아니다. 더 근원적인 것은 '궁금증'이다. 이에 대한 현명한 대답은 칼 세이건의 소설을 영화로 만든 〈콘택트〉에서 찾을 수 있다. 영화에서 주인공은 외계인이 존재하는가에 대한 질문에 이렇게 답한다.

"이렇게 큰 우주 공간에 생명을 가진, 지능이 있는 존재가 우리뿐이라면 정말 엄청난 공간 낭비가 되겠지."

미지의 존재에 대한 탐구는 지금까지 인류가 이루어 놓은 문명을 만들어 가는 과정의 핵심 원동력이다. 외계 지적 생물체에 대한 탐구도 이와 다르지 않다. 탐구는 소통과 이어짐을 만들며 우리를 진일보하게 할 것이다.

외계인 탐구는 지구에서 우리가 직면한 엔트로피의 한계를 극복하기 위한 노력이기도 하다. 만일 우리 말고 우주에 지적 생명체가 존재한다면 그들은 지금 우리가 부딪힌 문제를 이미 해결했을 가능성이 크다. 특히 에너지 문제 말이다.

에너지를 사용하면 엔트로피가 높아지고, 그 에너지는 다시는 원상태인 엔트로피가 낮아진 상태로 돌아오지 못한다. 우리가 사용하는 에너지 이용 기술로는 멀리 우주로 날아갈 만큼 엔트로피를 충분히 낮은 상태로 만들 수 없다. 우리가 외계인을 만나는 일이 생긴다면, 그들이 우리에게 온 것이다. 아직은 우리가 그들에게 갈 만한 과학기술이 없어, 그들의 방문이 아니면 만남이 불가능하기 때문이다.

외계와의 조우는 단순히 신화가 과학으로 전환되는 것뿐만 아니라 우리의 과학이 진일보하는 계기가 될 것이다. 인간 지식의 한계를 벗어난 과학을 받아들일 수 있다면 우리는 활동 영역을 지구와 달 주변이 아니라 태양계, 우리 은하, 다른 은하로 확대할 수 있다. 그렇기에 외계와의 조우는 떨림이며, 우리보다 월등한 힘에 대한 두려움이 공존하는 현대의 신화다.

외계인 조상

현재까지 알려진 인류 최초의 문명은 수메르인에 의해 만들어졌다. 수메르문명은 대략 기원전 5500년에서 4000년 지금의 걸프만 이라크 남부 지역의 비옥한 토양에서 발원하였다. 새뮤얼 크레이머에 의하면 이 문명에서 학교, 양원제, 수족관, 사전 등 39가지가 세계 최초로 시작되었다고 한다. 현 서구 문명은 그리스와 로마 문명에 영향을 받았는데, 이들의 신화는 이집트에서 영향을 받았고, 이집트는 수메르문명에서 영향을 받았다.

1899년 미국 펜실베이니아대학 조사단은 수메르의 도시국가였던 니푸르(Nippur)에서 점토판 3만~4만 매를 발견했다. 후일 점토판이 해석되어 수메르의 에리두 창세기가 알려졌다. 핵심 내용은 인류는 외계인이 만들었다는 것이다. 에리두 창세기에 의하면 외계 행성 니비루에서 온 아누나키가 지구의 문명을 만들었다. 기원전 45만 년 아누나키가 지구로 내려왔다. 그들은 거주지 에리두(Eridu)를 7일 만에 만들었고, '일하는 아누나키'인 이기기(Igigi)를 만들었다. 아누나키가 온 지 15만 년, 그러니까 30만 년 전에 이기기가 고된 노동으로 반란을 일으키자 엔키는 니비루 아누의 허락을 받아 아다무와 티아맛을 만들었는데, 이들이 인류의 조상이다.

에디오피아의 고나에서 발견된 최초의 석기는 270만 년에서 258만 년 전 것인데 내내 발전이 없었지만, 1만 년 전 이후 비약적 발전을 한다. 그래서 수메르 신화에 등장하는 아누나키가 진짜 외계인이며 이들에 의해 인류가 탄생했다는 주장이 등장했다. 학계에서는 유사과학으로 일축하고 있다.

11.

삶과 죽음을 선택할 수 있다면

과학이 통제하는 고통과 죽음

요즘 광고를 보면 '100세 종합보험'이 드물지 않다. 현 기성세대를 위한 보험이다. 지금의 중고등학생은 몇 살까지 살까? 아마도 평균수명이 120세에 이를 것으로 예상한다. 현대사회는 위생과 영양 상태가 좋고 의학이 발달하여 인간 수명이 연장되었다. 가난한 사람이라도 90세 이상 사는 일이 흔하다. 그에 따라 난치병도 늘어나서 고통을 호소하는 노인들도 많아지고 있다. 문제는 이들이 적절하게 통증 완화 치료를 받지 못한다는 것이다. '죽지 못해 산다'는 말이 실감 나는 세상이다.

부유한 사람도 사는 것이 괴로울 수 있다. 난치병의 경우 연명 치료로 당장 죽지는 않지만, 고통 속에서 살기도 한다. 우울증은 돈 많고 출세한 사람이 더 잘 걸린다는 통계도 있다. 물론 이런 통계는 잘사는 사람들이 돈을 내고 신경정신과에 갈 확률이 높다는 점에서, 실제 통계와는 다를 가능성도 있다. 하지만 자신이 설정한 기준이 높은 사람이 오히려 상대적 박탈감을 더 많이 느낀다.

죽는 시기를 선택할 수 있다면 어떨까? 적절한 치료를 할 수 있으면 자발적인 죽음까지 생각하지 않을 확률이 높다. 그러나 치료에 돈이 너무 많이 들어 부담이 되거나, 치료해도 고통이 경감되지 않으면 죽음을 선택하고 싶어질 수도 있다. 육체적 고통이 없고, 치료 비용을 충분히 감당할 수 있어도 너무 오래 사는 것이 자신에게 도움이 되지 않다고 생각할 수도 있다.

연명 치료와 존엄사법

예전에 행복 전도사로 유명한 분이 있었다. 그는 만성 통증에 시달리다 그만 스스로 목숨을 끊었다. 유서에 따르면 그는 거의 칠백 가지 통증으로 고통받았다고 한다. 방송에서 그의 언행, 주위 사람을 취재한 기사를 보아도 그는 인격적으로 훌륭한 사람이었다. 자살을 비난할 수만은 없을 것이다.

어느 청년은 20대 초반 교통사고로 고관절 주위를 다쳤다. 사고 후 적절한 치료를 받지 못해서 10여 년 동안 만성 통증으로 고통을 받았다. 그는 끝내 혼자 자동차를 몰고 집에서 멀리 떨어진 바닷가로 가서 생을 마감했다.

연명 치료를 받는 경우를 생각해 보자. 연명 치료에는 수분과 영양을 공급하는 일반 연명 치료와 심폐소생술을 허용하고, 인공호흡기 등을 사용하는 특수 연명 치료가 있다. 여기서 논의하려는 것은 특수 연명 치료다.

중환자실에서 1년간 치료받은 환자가 있다고 해 보자. 1년 동안 중환자실에 있으려면 병원마다 조금씩 다르겠지만 보통은 약 1억 원 정도가 필요하다. 이 환자는 나이도 여든이 넘었고 이미 뇌졸중으로 여섯 번 쓰러졌다. 지금은 폐렴으로 생명의 촛불이 꺼질 날만 기다리고 있다. 입원 초기에 중증 치매로 가족도 알아보지 못하는 상태였지만, 가족들은 연명 치료를 중단할 수 없었다. 법적으로도 불가능하며 인륜으로도 하지 못할 일이었다. 이 환자는 1년 만에 폐렴으로 사망했다. 만약 사전에 이 환자가 가족들에게 이런 상황에 처했을 때 연명 치료를 하지 말라고 부탁했다면, 이렇게 고통받다가 죽지는 않았을 것이다. 본인이 원하면 가능한 일이다. 2009년 김수환 추기경이 인공호흡기를 거부하고 선종한 사례가 있다. 하지만 아무 결정 없이 있다가 이 사람처럼 정신이 온전하지 못한 상태가 되면 특수 연명 치료를 피할 길이 없다.

죽음을 맞이하는 것이 흔한 일은 아니다. 누구나 부모의 임종은 처음으로 맞이한다. 준비 없이 부모의 임종을 맞이한 사람들은, 이제 자신의 죽음이 어떤 모습일지 고민한다. 이런 맥락에서 존엄사법이 만들어졌다. 2018년 2월 4일, 호스피스와 완화 의료 및 임종 과정에 있는 환자의 연명 의료 결정에 관한 법률(연명의료결정법)이 시행되었다. 환자의 배우자나 직계 존비속 전원의 동의가 있는 경우, 연명 치료 실시 여부를 대신 결정할 수 있게 되었다.

안락사와 생명 연장 과학

《미 비포 유》에서는 남자 주인공이 불의의 사고로 사지마비가 된다. 그는 6개월 뒤 스위스로 가서 스스로 안락사 하기로 결심한다. 안락사를 합법화한 나라는 꽤 있다. 2002년 네덜란드를 시작으로, 현재는 스위스, 벨기에, 룩셈부르크, 프랑스, 캐나다, 미국, 콜롬비아 등의 나라에서 안락사가 합법이다.

안락사는 타인이 병자의 생명을 적극적으로 끊는 적극적 안락사, 의료진의 도움을 받아 스스로 목숨을 끊는 조력 자살, 생명 유지에 필요한 영양 공급, 약물 투여 등을 중단하는 소극적 안락사가 있다. 스위스는 유일하게 외국인의 조력 자살이 허용되기 때문에 주인공이 스위스로 가서 죽음을 선택한 것이다. 우리나라도 2017년 1월 현재, 2012년부터 18명이 안락사를 신청했다고 한다. 건강한 사람은 안락사가 불가능하고, 실행하려면 전문의의 판단이 있어야 한다.

의학은 점점 발달하고 수명은 늘어갈 것이다. 질병으로 인한 고통도 줄어들 것이다. 앞서 구글의 자회사 캘리코는 인간의 수명을 오백 살까지 늘리는 연구하고 있다고 했다. 만일 그렇게 오래 살면서 고통도 없다면 인간은 행복할까? 영화 〈인 타임〉은 돈으로 시간을 살 수 있는 미래의 이야기를 그린다. 어떤 부자가 주인공에게 시간을 선물한다. 그것은 자신의 수명이 줄어드는 의미다. 오래 사는 것이 의미가 없다고 생각한 부자는 스스로 죽음을 선택했다.

과연 고통 없는 삶이란 무엇인가? 육체적 고통만 없으면 되는 걸까? 정신적인 고통마저도 의학적으로 해결이 가능해진다면 오백 살까지 고통이 없이 살 수 있을까? 이 영화에서 스스로 죽음을 택한 사람은 육체적으로 정신적으로 고통이 없는 상태였다. 그를 정작 고통에 빠지게 한 것은 더는 이루고 싶은 일이 없는 것이었다. 무료함, 도전 없음이 또 다른 고통이었다.

죽음에 대한 정의는 물론 죽음에 이르게 하는 고통에 대한 정의도 이제 과학에서 판단해야 할 문제가 됐다. 이제 과학은 인문학적인 논제를 명확하게 해 줄 필요성까지 생겼다.

수명이 연장된다는 것은 인간이 환경에 영향을 미치는 시간을 지속해, 이로 인해 미치는 영향이 극대화됨을 의미한다. 그런데 인간의 육

신은 자연 순환 그물의 그물코의 하나에 불과한데, 사라지지 않고 정체되어 있으면 어떤 일들이 일어날까?

한 인간의 탄생은 엔트로피가 낮아지는 일이고, 죽음은 엔트로피가 높아지는 일이다. 이렇게 생명체가 자연 속에서 존재하고 사멸하는 것은 엔트로피의 하강으로 시작해 상승으로 끝이 나는 과정이다.

고통과 죽음에 정면으로 저항하려는 과학이 과연 우리의 미래를 어떻게 바꿀 것인가? 지금까지 인간의 역사를 살펴보면 이 과학은 중단되지 않을 것이다. 진시황이 그랬고 지금은 그보다 호사를 누리는 사람들이 그렇다.

우리는 갈림길에 서 있다. 우주의 방향에 순응할 것인가? 역행할 것인가? 지금의 예상으로는 아무리 저항해도 오백 년을 넘지 못하겠지만, 만일 과학이 급격히 발전해 인간이 천 년, 이천 년을 살게 된다면? 육체를 뛰어넘어 네트워크 속으로 정신만 업로드 하고, 필요에 따라 자유자재로 원하는 인공 생명체로 다운로드되어 존재할 수 있는 세상

이 올지도 모른다.

이제 우리는 생명 연장의 과학을 발달시키기 전에 심각하게 고민해야 한다. 한 인간이 존재하는 기간을 얼마나 허락할지.

빈부격차와 수명

영화 〈인 타임〉은 가까운 미래를 그린 영화다. 여기서 모든 인간은 25세에 노화가 멈추고, 1년의 유예 시간을 '카운트 바디 시계'에 받아 손목에 찬다. 이곳에서는 시간이 화폐의 역할도 한다. 사람들은 시간으로 차를 마시고, 버스를 타고, 집세를 낸다. 가난한 사람들은 하루 벌어 하루를 살아가다가 가진 시간이 모두 없어지면 즉시 심장마비로 죽는다. 하지만 부자들은 몇천 년의 시간을 몇 대에 걸쳐서 젊은 신체로 행복하게 산다. 사는 지역도 서로 다른데 가난한 동네에서 부자 동네로 가려면 가진 시간을 다 써야 할 정도라서 부자와 가난한 사람들은 격리되어 사는 셈이다. 만약 영생할 기술이 만들어진다면 이와 비슷한 상황이 될 수도 있다. 현재 우리나라는 의료 체계가 잘 갖춰져 수명이 빈부의 차이와 관련이 적지만, 생명 연장 기술이 발달하면 달라질 것이다.

영화 〈가타카〉에서처럼 태어날 때부터 장수하는 유전자를 가질 날이 올지도 모른다. 오래된 애니메이션 〈은하철도 999〉에는 무자비한 인간 사냥꾼인 기계 인간에게 엄마를 잃고 복수하려는 가난한 철이가 나온다. 철이는 영원한 생명을 얻으려고 은하철도를 타고 머나먼 여행을 떠난다. 애니메이션 속에는 기계 인간들이 진짜 인간을 지배한다. 어쩌면 몇백 년을 사는 사람은 재산은 물론이고 지식과 경험에서도 일반 사람들을 앞서니, 세상을 지배하는 일은 당연해질지도 모른다. 그러면 우리는 철이처럼 기계 인간 행성을 파괴하고 사회 전복을 꿈꾸게 될까?

12.

인공지능 시대에는 어떤 사람이 필요한가?

과학을 활용하여 새로운 생각을 만들어 내는 법

2016년 인공지능 알파고 리는 국제 기전에서 열여덟 번 우승한 바둑 챔피언 이세돌 9단을 4승 1패로 이겼다. 기보를 학습한 결과였다. 이후 업그레이드 된 알파고 제로는 기보를 학습하지 않고 바둑 두는 원리를 익힌 후 36시간 만에 알파고 리 수준에 이르렀고 72시간 만에 백전백승을 거두었다.

대부분의 사람이 바둑은 경우의 수가 너무 많아서 인공지능이 절대로 인간을 이길 수 없을 것이라고 믿었는데, 이 사건으로 전 세계 사람들이 충격을 받았다.

이제는 인공지능이 바둑뿐만 아니라 작곡도 하고 그림도 그린다. 단순히 작곡하고 그림을 그리는 것이 아니다. 따로 말해 주지 않으면 인공지능의 작품인지 전문가도 구별하지 못하는 수준에 이르렀다.

앞으로 세상은 어떻게 될 것인가? 우리 아이들은 어떻게 공부하고 무엇을 하면서 살아야 할까? 19세기 영국의 산업혁명 당시 러다이트운동을 통해 해법을 찾아보자.

사라지는 직업들

1811년부터 1817년 사이 영국에서는 방직기가 도입되어 노동자의 일자리를 빼앗았다. 이에 노동자들은 방적기를 망가뜨리며 항의했는데, 이를 러다이트운동이라고 한다. 당시 영국은 숙련공들이 공장에 모여서 규격화된 상품을 생산하는 공장제 수공업이었다. 그런데 증기기관을 이용한 기계가 도입되자 수공업은 몰락하고, 대신 소수의 자본가가 노동자를 고용하여 대량생산하는 기계공업이 시작되었다.

영국은 세금을 내는 소수의 사람만이 선거권이 있었다. 그래서 러다이트운동에 참여한 노동자의 권리를 정치인이 대변해 주지 않았다. 정부는 군대를 이용해 노동자를 탄압하고 주동자를 처형하는 등 강력하게 대응했다. 그러나 지속적인 노동운동이 진행되고 노조가 설립되자 노조에 단체교섭권이 주어지는 등 진일보한 사회가 되었다. 이후 영국 노동당이 창당되고 일정 연령 이상 모든 시민에게 투표권을 보장하는 보통선거가 도입되었다. 노동권 보장, 사회보장제도 확대 등으로 서서히 노동환경은 개선되었다. 노동자의 권리는 1946년에 이르러서야 보장받게 되었다. 1942년 윌리엄 베버리지가 작성한 <베버리지 보고서>에는 복지국가를 상징하는 '요람에서 무덤까지'라는 유명한 문구가 등장해 대중들에게 큰 반향을 일으켰다. 이후 1946년 건강보험과 연금제도가 도입되어 노동자들의 생존권이 보장되었다.

현대사회는 어떨까? 21세기 들어 인공지능으로 인해 단순 노동자뿐만 아니라 전문직까지도 일자리를 빼앗길 위험에 처했다. 최근 우리나라에서는 한 카풀 앱으로 택시기사들의 반발이 거셌다. 스마트폰으로 택시를 부르는 편리한 이점으로 많은 택시기사가 택시 앱 서비스에 참여했다. 그런데 더 나아가 자원을 같이 사용하여 낭비를 줄이고 비용을 절감하는 공유경제가 확산되면서 카풀 앱이 유행하자 택시업계는 반발했다. 이에 대한 항의의 의미로 택시 앱을 사용하지 않는 택시기사가 증가하기도 했다. 스마트폰 어플리케이션이 택시업계를 들었다 놓았다 하는 것이다.

만일 자율주행 택시가 출시된다면 어떻게 될까? 지금까지의 논란과는 차원이 달라질 것이다. 아예 택시기사라는 직업이 사라질지도 모른다. IBM이 개발한 인공지능 암 진단 솔루션 '왓슨'이 2018년 12월 5일 인천 가천대 길병원에 이미 도입되어 운영 중이다.

이제는 전문직이라고 안전하지 않다. 이런 경향이 가속화되어 인공지능이 노동을 완전히 대체하면 소비 시장이 붕괴하므로 기본 소득제 도입의 필요성이 중요해지고 있다. 우리나라에서도 여러 정치인이 이를 주장하고 있으며, 네덜란드에서는 2015년부터 지방정부 차원에서 시험적으로 도입하고 있다. 핀란드는 2017년 1월부터 2018년 12월까지 중앙정부 차원에서 시한부로 기본 소득제를 도입하였다.

컴퓨터와 스마트폰

인간은 생산성을 높이기 위해서 유용한 도구를 만들어 왔다. 칼을 발명해 사냥, 조리 등에 이용했고, 농기구를 발명해 생산성을 높였다. 현대에는 동력으로 작동하는 기계와 전기, 전자 기기 같은 첨단 도구를 발명해 인력으로 불가능한 일들을 대신해 왔다. 이제 도구를 사용하지 않는 일은 거의 없다고 볼 수 있다.

컴퓨터의 등장으로 도구의 새로운 패러다임이 생겼다. 통신이 되고 인터넷이 일반화되면서 컴퓨터는 세탁기, 냉장고처럼 집에 꼭 필요한 기본적인 전자 제품이자 학생, 직장인, 학자 등 모든 사람이 다루어야 할 기기가 되었다.

학생들이 컴퓨터를 일찍부터 배우는 것에 대해 일부 회의적인 사람들도 있다. 이 기기의 사용이 사고 능력 발달을 저해한다고 주장한다. 종이에 쓰는 데 비하면 사고의 깊이가 얕아진다는 것이다. 수업에서 사용하면 아주 유용한 도구인 컴퓨터는 인터넷에 넘쳐 나는 음란물과 게임 때문에 청소년에게 유해한 영향을 끼치기도 한다. 스마트폰의 등장 이후에는 이런 우려도 무색하게 되었다. 컴퓨터보다 훨씬 중독성이 강하기 때문이다. 학생뿐만 아니라 어른들도 종일 스마트폰을 본다. 오히려 휴대성이 상대적으로 낮은 컴퓨터 중독에 대한 걱정은 줄어들게 되었다.

2007년 애플에서 아이폰을 출시하면서 통신이 되는 컴퓨터, 즉 스마트폰이 대중화되었다. 그전에 사용하던 스마트폰은 화면이 작고 키보드가 별도로 존재했으나, 아이폰 이후에는 아이폰의 영향을 받아 키보드가 없어지고 화면이 커졌으며, 컴퓨터로 하던 일을 스마트폰에서도 할 수 있게 되었다. mp3플레이어를 이용하던 음악 감상은 물론 메모, 녹음, 카메라, 동영상 촬영, 인터넷 검색, 게임뿐만 아니라 은행 업무, 주식, 보험, 온라인 쇼핑 등 경제행위도 스마트폰에서 이루어진다. 덕분에 금융과 상행위가 새로운 형태로 변해 가고 있다. 네이버, 다음, 구글 등 포털사이트에서는 빅데이터로 개인의 검색 기록을 분석해 맞춤형 메뉴를 제공하고, 이를 상품 구매로 연결한다. 가히 스마트폰은 사회, 경제, 정치를 이어 주는 만능 기기가 되었다.

현대에는 손안에서 모든 것을 검색할 수 있게 되어 정보가 넘쳐나니 필요한 지식이 어디에 있는지 아는 것도 중요하다. 포털사이트에서는 인공지능이 이런 서비스를 제공한다. 나의 검색 기록을 분석해서 개인의 취향에 맞는 상품, 뉴스 등을 화면에 배치해 준다. 맞춤형 서비스의 원리는 간단하다. 포털사이트에 등장하는 수많은 웹사이트를 종류별로 분류하고, 나의 검색 기록과 분류된 목록을 매칭시키는 것이다. 사람이라면 포털사이트를 이용하는 수백만 사용자의 취향을 일일이 고려할 수 없지만, 인공지능이라면 가능하다.

학습 자료의 진화

1990년대부터 컴퓨터를 활용한 학습 자료가 하이퍼텍스트를 기반으로 만들어지기 시작했다. 모르는 단어를 누르면 그 단어를 설명할 수 있는 텍스트로 연결된다. 이것이 좀 더 발전한 것이 하이퍼미디어다. 텍스트뿐만 아니라 사진이나 동영상으로도 연결된다. 인터넷이 발달하고 하이퍼링크 개념이 발달하면서 전 세계는 하나의 정보망으로 묶이고 있다. 이제는 클릭 한 번으로 원하는 정보를 얻을 수 있다.

보통 인터넷 검색은 네이버, 다음, 구글 같은 포털사이트를 이용하지만, 학습에는 유튜브가 무척 유용하다. 읽기보다 영상을 통해 정보를 획득하는 것이 빠르기 때문이다. 텍스트를 읽는 것보다 영상에 익숙

한 세대가 유튜브로 학습하는 것은 자연스러운 결과다.

유튜브는 일방적인 정보만 전달하는 것을 넘어서 상호작용한다. 개인 채널의 등장이다. 실시간으로 개인 방송을 하는 크리에이터는 자신만의 콘텐츠를 이용하여 시청자를 확보한다. 실시간 시청자의 수가 늘어나면 수입도 증가한다. 최근 연봉 수십억대의 개인 크리에이터가 등장하면서 이들은 학생들이 선망하는 직업 중 하나가 되었다.

미래를 위해 어떤 공부를 해야 할까? 먼저 학습의 원리에 대해서 생각해 보자.

지식의 힘

이 책에서는 앞서 어떤 사물과 원리가 자연과 인간 사회를 바꾸었는지 알아보았다. 이러한 일은 우선 미래 사회를 예측하는 데 도움이 된다. 호모사피엔스가 다른 유인원보다 뛰어난 이유 중 하나는 집단 학습이다. 인간은 자신이 발견한 지식을 동료와 후손에게 전달하는 능력이 탁월했다. 말과 문자를 사용할 수 있었기 때문이다. 말로 자유롭게 의사소통을 하고 지식을 문자로 후손에게 전달했기 때문에 혼자만의 경험이 모두의 경험으로 확산되어 집단 학습이 가능해진 것이다.

처음 청동기를 만든 사람이 자신의 기술을 주위에 전하고, 전달받은 사람은 더욱 발전시켜 효율적인 방법으로 청동기를 만든다. 그러면 그

나라는 청동기로 농기구, 생활용품, 무기 등을 만들어 더 부강해진다. 청동기를 만든 기술이 다른 나라에 흘러가서 청동기보다 더 강한 철기를 만드는 지식으로 발전한다.

지식은 사회를 바꿀 수 있는 강력한 힘이다. 건물을 만들고, 정교하고 편리한 생활용품을 만드는 것은 물론이고, 나라가 커지고 도시가 만들어지게도 한다. 이런 현상들은 조직화되며 엔트로피가 낮아지는 현상이다. 지식이 엔트로피를 낮추었다.

문제 해결 10단계

우선 가상의 문제를 해결하는 방법을 통해 문제 해결의 절차를 열 단계로 나누어 생각해 보자. 문제에 부딪혔을 때 가장 힘든 것은 해결 방법이 전혀 보이지 않을 때이다. 이러한 원인은 문제를 둘러싼 여러 가지 사실들이 많기 때문이다. 이것이 정리되지 않아서 우리를 혼란스럽게 만든다.

우선적으로 할 일은 아래처럼 이러한 사실을 정리하는 일이다.

① 목록을 만든다.

② 목록화한 키워드를 조사한다.

③ 목록을 유형화한다.

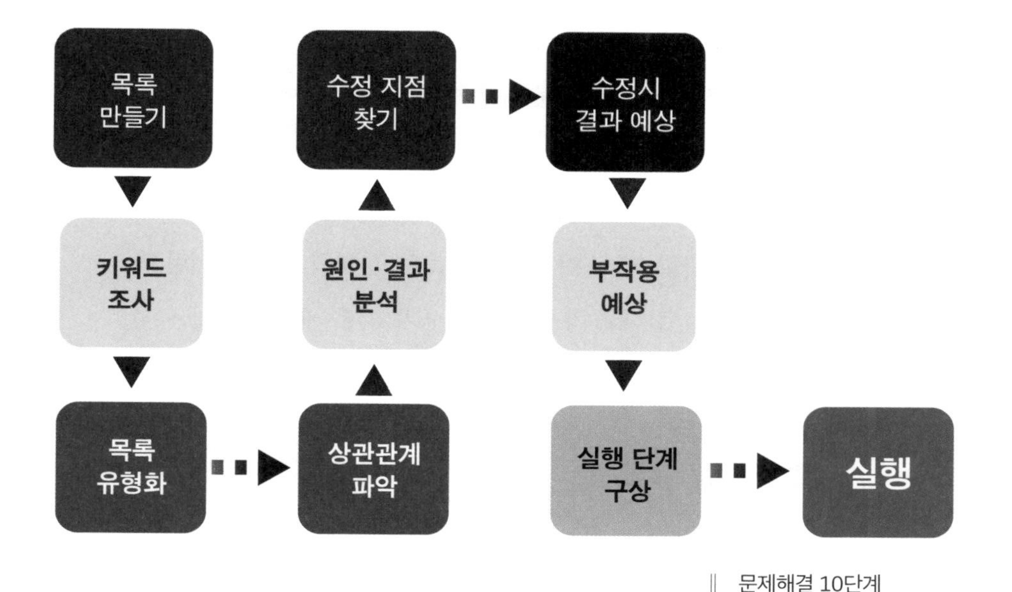

‖ 문제해결 10단계

④ 유형화한 후 각 키워드 간의 상관관계를 파악한다.

⑤ 상관관계 속에서 원인과 결과를 분석한다.

⑥ 원인에서 결과에 이르는 과정에서 수정 지점을 찾아낸다.

⑦ 찾아낸 지점을 수정할 경우 결과를 예상해 본다.

⑧ 부작용을 최소화할 방법을 찾아낸다.

⑨ 실행 단계를 구상한다.

⑩ 실행에 옮긴다.

문제 해결 10단계가 모든 문제 해결에 적용될 수는 없지만, 상황에 따라 단계를 수정하면 상당 부분 유용하다. 이를 공부에 적용해도 무리가 없다.

만일 A라는 중학교 1학년 학생이 있다고 하고, 과학 과목을 이런 단계를 적용해서 공부한다고 가정해 보자. A가 지금 배우는 단원은 지구계와 지권의 변화 중 암석에 대한 부분이다. 그런데 교과서를 읽었지만 이해가 되지 않았다. 그래서 우선 책에 나온 개념의 목록을 정리하기 시작했다. A가 정리한 목록은 다음과 같다.

암석, 화성암, 화산암, 심성암, 현무암, 유문암, 반려암, 화강암, 암석의 결정, 암석의 색, 마그마, 퇴적암, 역암, 사암, 셰일, 석회암, 층리, 화석, 변성암, 엽리, 대리암, 편암, 편마암, 열과 압력

목록을 조사하고 각 키워드에 관한 정의를 다음과 같이 정리한다.

암석 : 지구 표면을 이루는 단단 형태의 고체로 다양한 광물로 이루어졌다.
화성암 : 마그마가 식어서 만들어진 암석
화산암 : 마그마가 지표로 흘러나와 빨리 식어서 결정이 매우 작은 암석

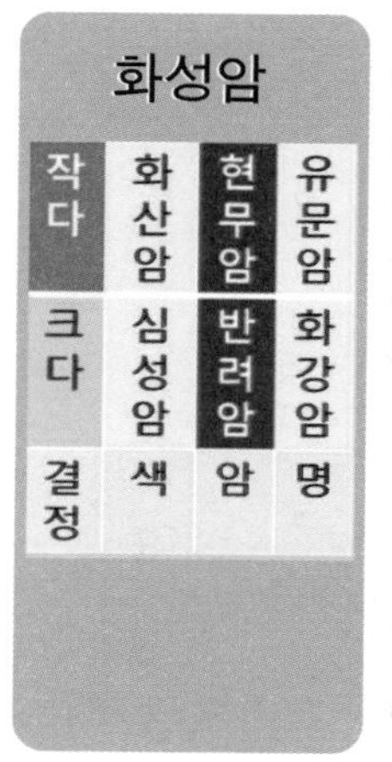

화성암			
작다	화산암	현무암	유문암
크다	심성암	반려암	화강암
결정	색	암	명

퇴적암	
역암	자갈
사암	모래
세일	진흙
석회암	생물의 유해
층리	화석
줄무늬	동식물 유해

변성암		
원암	열과 압력	변성암
사암	→	규암
석회암	→	대리암
세일	→편암→ 엽리	편마암
화강암	→ 엽리	편마암

이렇게 정의를 살펴보고 각 단어 간의 상관관계를 분석하여 도식화하면 위와 같은 표가 나온다. 이렇게 유형화하면 각 요소 간의 상관관계가 파악된다. 학교 공부라는 것은 이와 같이 정리하는 과정을 배우는 일이기도 하다. 이런 정리 과정을 반복해서 거친다면 좋은 성과를 얻을 수 있을 것이다. 그리고 시험뿐 아니라 현실에서의 문제 해결 능력을 갖출 수 있다.

인식을 확장하는 도구

1609년 이탈리아의 과학자 갈릴레오 갈릴레이(1564~1642)는 당시 개발되었던 망원경을 개량하여 밤하늘을 관측했다. 그는 목성과 달을 관

‖ 총독에게 망원경을 소개하는 갈릴레이 갈릴레오

측한 결과를 정리하여 1610년 3월에 《별의 소식(Sidereus Nuncius)》이라는 책을 출간했다. 여기서 그는 달에 울퉁불퉁한 산과 분화구가 있다는 사실, 뿌옇게 흐려 보이던 은하수가 사실은 수많은 별이라는 것, 목성에 위성이 네 개 있다는 것을 알렸다. 이 책은 근대 천문학을 발달시킨 책이라는 평가를 받고 있다.

망원경이 인간을 멀리 볼 수 있게 해 주었다면, 현미경은 작은 세계를 볼 수 있게 해 주었다. 1877년 독일의 과학자 로베르트 코흐(1843~1910)는 세계 최초로 탄저균을 발견하였다. 이어 그는 결핵균(1882), 콜레라균(1885)을 발견하여 미생물학을 탄생시켰다. 당시 유럽 사람들은 콜레라, 흑사병 같은 병이 미아즈마(miasma, 나쁜 공기나 기운)

때문이라고 생각했다.

현미경이나 망원경이 발명되어 인간 감각의 한계를 뛰어넘을 수 있게 되었다. 보이지 않던 세균을 발견하여 면역학이 발전했고, 망원경을 이용하여 별을 관측할 수 있게 되면서 천문학이 발달했다.

현미경이나 망원경은 시각이라는 인체 기관 능력을 향상하지만, 우리가 늘 사용하고 있는 컴퓨터는 우리의 능력을 어떻게 높여 주는가?

이번에는 A가 만약 1970년대의 학자라고 가정해 보자. A는 연구를 위해서 앞서 말한 것처럼 개념들을 정리하기 시작했다. 컴퓨터가 없던 시절에는 인덱스카드와 서류 정리함을 이용했다. A는 연구를 통해 정리된 개념을 인덱스카드에 한 장씩 적었다. 카드를 다 사용하면 유사한 것끼리 묶어 서류함 중 한칸에 넣었다. 그리고 그 칸 앞에 색인을 적어 넣었다. 이렇게 일일이 카드에 쓰고 서류 정리함에 정리하는 건 지금 생각하면 쉽지 않은 일이다.

A가 만일 현재에 같은 연구를 한다면 어떻게 데이터를 정리할지 생각해 보자. 종이로 정리하던 자료를 컴퓨터에서 전자데이터로 만들 것이다. 요즘에는 거의 모든 자료가 컴퓨터에 저장되고 통신상으로 오간다. 컴퓨터에 자료를 정리하면 마치 서랍에 인덱스카드를 넣은 것처럼 정리되는데 이것이 디렉터리다.

디렉터리의 이름은 숫자나 한글, 영문으로 자유롭게 붙일 수가 있어서 데이터를 검색하기 쉽다. 인덱스카드와 서류 정리함을 이용하면 원하는 데이터를 순차적으로 찾아야 한다. 컴퓨터를 사용하면 이전 방식보다 훨씬 많은 자료를 가지고 있어도 찾기가 편리하다. 이런 방식은 인간의 한계를 넘어서게 해 준다.

사실 디렉터리에 정리하는 것은 아날로그 데이터를 디지털 데이터로 정리한 것뿐이다. 그런데 데이터를 한눈에 볼 수 있으면 어떻게 될까? 어떤 문제 해결을 위해서 핵심 데이터가 적힌 포스트잇을 가득히 붙여 놓는 장면은 영화나 드라마에서 흔히 볼 수 있는 광경이다. 이렇게 핵심 내용을 한눈에 조망하면 데이터를 종합하여 새로운 아이디어를 만들어 낼 수 있다. 그러나 포스트잇에는 한계가 있다. 이런 작업을 컴퓨터로 할 수 있으면 얼마나 좋을까?

컴퓨터는 정리뿐만 아니라 아이디어를 시각화해 줄 수 있다. 대표적인 것이 '에버노트'와 '원노트'이다. 이들은 애플리케이션과 연동되어 있어서 동일한 아이디를 사용하면 어느 기기에서든지 연속적으로 작업할 수 있다. 예를 들면 걷다가 생각난 아이디어를 스마트폰에서 정리하고 사진이나 동영상을 찍어서 첨부해 뒀다가, 집에 와서 데스크탑에서 로그인하면 동일한 문서에 연이어 작업할 수 있다.

이러한 프로그램은 종이와 연필을 사용할 때의 한계를 뛰어넘게 해 주었다. 텍스트를 기반으로 사진, 동영상, 소리 등 미디어 자료를 한 화면에서 정리할 수 있다. 여러 사람이 온라인으로 시간과 공간의 제약 없이 공동 작업할 수 있게 되어, 상호작용이 주는 상승효과를 노릴 수 있다.

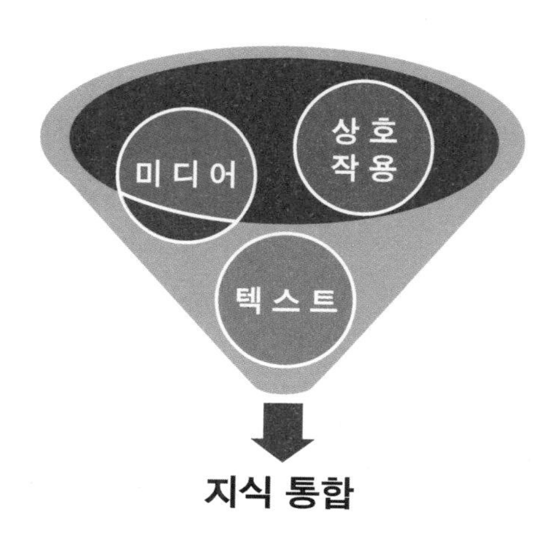

도구는 인간의 한계를 뛰어넘게 해 주었다. 컴퓨터 이전의 기기는 한 가지 감각이나 기관의 한계를 보완해 주었으나 컴퓨터나 스마트폰 같은 디지털 기기를 이용하면 두 가지 이상의 감각을 정리해 사용자에게 제공해 준다.

인덱스카드와 서류 보관함을 이용하는 고전적인 작업에 비해 디지털 기기를 사용하는 작업은 훨씬 쉽게 내가 가지고 있는 지식을 통합하여 한 단계 넘어서는 역량을 발휘할 수 있게 해 주는 것이다.

어떤 공부가 필요할까?

최첨단 기기가 우리의 생업을 위협하기도 하고 도와주기도 하는 상황에서 우리는 어떻게 공부해야 할 것인지 생각해 보자. 공부는 기본적으로 텍스트를 해석하는 것이다. 그 텍스트는 교과서를 포함한 다양한 책일 수도 있고, 인터넷 사이트일 수도 있다. 이렇게 활자화된 텍스트 외에도 사진, 영상, 현장의 상황도 텍스트일 수 있다. 살아 움직이는 식물, 동물, 사람도 텍스트일 수 있다. 모든 것이 텍스트다. 이것을 읽어 내는 힘을 기르는 과정이 학습이고 스스로 읽어 내는 것이 공부이며, 원리를 깨달아 새로운 지식을 창출하는 것이 연구다.

과거와는 다르게 현재는 인터넷을 통해 활자, 사진, 동영상이라는 수많은 텍스트를 접하게 된다. 그러므로 이것을 취사선택하는 능력이 중요하다. 이제 인간에게 필요한 능력은 정보를 편집하는 능력이다. 과거에는 상상도 못했던 많은 양의 지식을 개인이 다룰 수 있게 되었다. 그것을 조직화하여 새로운 지식을 만들어 내려면, 먼저 텍스트를 읽어 내는 능력이 필요하다.

결국 논리를 조직화하는 학습의 핵심 기능은 변하지 않았다. 갈릴레이가 망원경을 개량하여 천체망원경을 만들고 목성의 위성을 발견했듯이 새로운 텍스트의 출현은 새로운

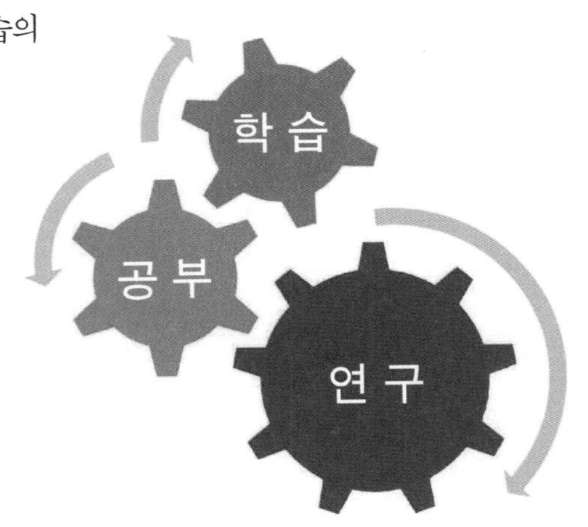

지식을 만들어 낼 기회를 만들어 주었다. 새로운 도구를 이용해서 수많은 정보를 편집하고 새롭게 구조화시켜서 의미를 만들어 내면 나만의 지식이 탄생하고 연구가 시작된다.

인공지능과 인간의 연구에는 어떤 차별성이 있을까? 순간 클릭으로 인공지능이 인간이 힘들여 연구해서 만들어 낸 것과 비슷하거나 월등한 지식을 만들어 내게 된다면, 인간은 인공지능에게 일자리를 빼앗겨 버릴 것이다. 물론 인간의 이성보다 인공지능이 우수한 점이 있다. 그러나 인공지능이 인간을 따라올 수 없는 부분도 분명히 있다.

이성의 기능과 미래

화이트헤드는 그의 책 《이성의 기능》에서 이성의 기능은 '삶의 기술을 증진시키는 것이다'라고 했다. 삶의 기술이 무엇일까? 경제행위에 도움이 되거나 과학기술을 발전시킬 수 있는 도구가 발견되어 삶이 윤택해지는 데 도움이 되는 기술이다.

우리가 학습할 때 디지털 기기를 잘 활용하면, 삶의 기술을 혁신적으로 증진할 수 있다. 앞서 말한 바와 같이 학습 도구로서 디지털 도구는 아날로그 도구를 사용할 때보다 인간의 역량을 배가시킬 수 있기 때문이다.

여기서 기계와 인간의 차이점이 드러난다. 삶을 증진시키는 데 그 증진 방향이 무엇일까? 기계는 욕망이 없다. 인공지능이 아무리 미적분을 잘해도 스스로 무언가를 하고 싶은 욕망은 없다. 논리적으로 합당한 방향을 알 뿐이다. 하지만 인간은 지능이 낮을지라도 욕망이 있다.

과거 우리가 주판을 계산 보조 도구로 이용했듯이 최첨단 기기나 인공지능을 도구로 사용하면 된다. 우리가 원하는 욕망을 달성하기 위해서 논리를 만드는 것이다. 논리를 만드는 것은 인간이다. 그리고 논리의 방향이 인간의 욕망과 부합되면 된다.

어떤 사람들은 인공지능이 모든 것을 다 하면 인간이 할 수 있는 일이 없고 무능력해지므로, 결국 인공지능의 지배를 받을지도 모른다고 우려한다.

인공지능을 이용하면 인간의 욕망도 알 수 있다. 인터넷 서핑을 하다 보면 광고가 뜬다. 내가 주로 검색하는 내용을 분석해서 제시되는 맞춤 상품이다. 이런 일자리를 인공지능이 빼앗은 걸까? 만일 이런 일을 하는 사람이 있었다고 하면 인공지능에게 일자리를 빼앗긴 것이 맞다. 그러나 뒤집어 생각해 보면, 이렇게 잡다한 일을 인공지능에게 맡겼다고 보는 것이 올바르다.

과거 사무실에 타자기를 이용해서 문서를 만들어 주는 사원들이 있

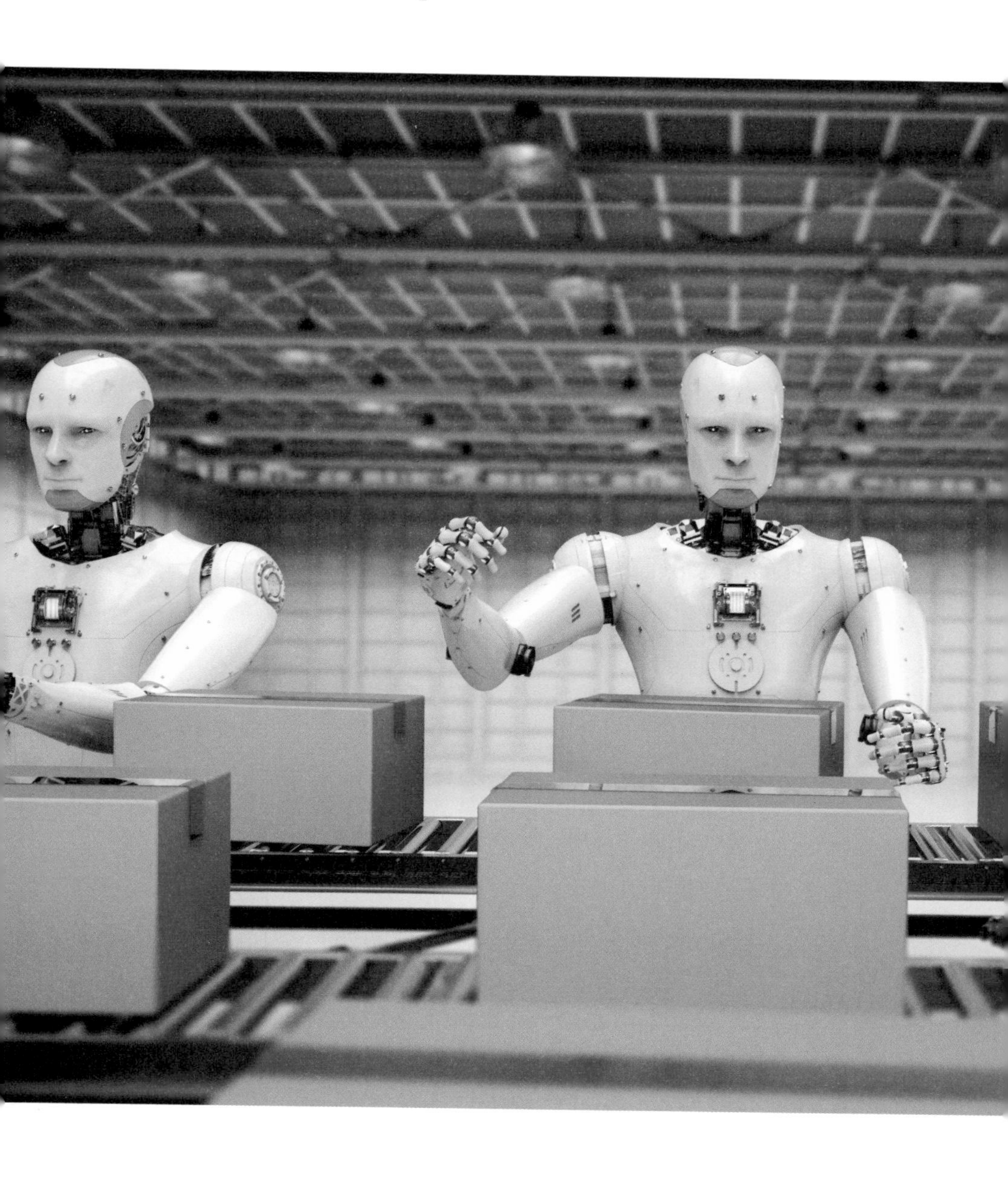

었으나, 컴퓨터가 도입된 후 사라졌다. 이들의 일을 컴퓨터가 빼앗은 것은 맞다. 하지만 이들이 하는 일에서 보람을 느낄 수 있었을까? 일자리는 줄었지만 대신 인간의 존엄을 느낄 수 있는 새로운 일자리가 만들어졌다고도 할 수 있다.

인간이 인공지능보다 훨씬 잘하는 것이 있다. 노는 일이다. 인공지능이 아무리 발달해도 놀지는 못한다. 노는 행위는 자신의 욕망에 충실한 행위이기 때문인데, 인공지능은 욕망이 없다. 영어를 해석하고 미적분을 해도 무엇에 쓸모 있는지 정하는 것은 인간이다. 인간은 인공지능을 이용하는 능력이 있으면 된다. 스마트폰에 내장된 인공지능을 잘 이용하는 사람이 비싼 기계를 제대로 활용하는 사람이다.

산업은 기본적으로 인간의 욕망을 위해서 존재한다. 일자리는 인간의 욕망을 채워 주는 산업의 일원이다. 그런데 기계화, 자동화, 인공지능의 출현으로 단순한 일자리는 줄어들고 점점 전문 지식이나 정교한 기술을 요하는 일자리가 늘어나고 있다. 즉, 타자처럼 학습으로 이룰 수 있는 기능이 아니라 연구해서 얻은 지식이 필요한 일자리만 남을 것이다.

인간 사회에서 엔트로피의 방향은 인간의 욕망에 의해 결정되고, 인간의 욕망은 욕망의 주체인 인간이 가장 잘 안다. 인공지능이 잘 알아도 그것을 산업으로 연결 짓는 건 인간이기 때문에 인공지능의 성과물을 잘 이용하면 된다.

화이트헤드는 그의 책에서 이성을 강을 거슬러 올라가는 연어에 비유했다. 다 자린 연어는 북태평양에서 살다가 알을 낳으려고 강을 거슬러 올라간다. 올라가는 과정에서 비늘이 벗겨지고 죽기도 한다. 이런 위험을 감수하고 여러 달 동안 수천 킬로미터를 이동하여 알을 낳는다. 왜 연어는 이런 위험을 감수하는 걸까?

해답은 연어가 바다로 가지 않으면 어떻게 되는지 알아보면 된다. 연어가 바다로 내려가지 않으면 산천어가 된다. 그런데 산천어는 몸길이가 40센티미터 정도이고, 연어는 70센티미터 정도이며 몸집도 크고 색도 화려하다. 이 차이가 어려움을 극복한 결과다.

연어가 강을 거슬러 올라가는 힘은 진화의 원동력이다. 이성을 이용해서 지식을 생산하고 연구하는 힘은 인간을 진화하게 하는 원동력이라고 할 수 있으며 이것이 이성의 기능이다.

지식을 자기 것으로 만드는 방법

국립국어원 조사에 따르면 2008년 우리나라 순수 문맹률은 1.7퍼센트로 문자 해독률이 세계 최상위권이다. 한글은 배우기 쉬워서 글자를 못 읽는 사람은 거의 없다. 그래서 우리는 한글을 창제하신 세종대왕을 찬양하곤 한다. 그러나 실질 문맹률은 우리나라가 경제협력개발기구(OECD) 국가 중 최하위권이다.

한국교육개발원은 1994년부터 1998년까지 OECD 국가를 포함한 20여 국가에서 실시한 국제 성인 문해조사도구를 이용해 우리나라 문해 수준을 알아보았다. 16~65세 남녀 1200명을 대상으로 조사를 한 결과 '의약품 복용량 설명서' 같은 생활정보가 담긴 문서를 해독하는 데 어려움이 있는 사람이 38퍼센트로, OECD 평균 22퍼센트 수준에도 못 미치는 것으로 나타났다. 새로운 직업이나 기술에 필요한 정보를 얻기 힘든 사람도 37.8퍼센트나 되었다.

이 결과가 시사하는 바는 크다. 글자를 읽는다고 문장을 해석할 수 있는 능력으로 이어지지는 않는다. 더 나아가 텍스트를 읽고 이해하지만, 이것으로 의미 있는 자신만의 지식을 구축하는 사람은 더욱 적다. 지식을 가진 사람은 많지만, 자신만의 생각을 하는 사람은 드물다.

다음 두 사례는 지식을 자신만의 것으로 바꾼 사람의 이야기다. 이들을 통해서 자신만의 지식을 만들어 간다는 의미를 생각해 보자.

1 사업 원리를 연구하여 자수성가하다

C씨는 중년 남성이다. 그는 일찍이 아버지를 여의고 홀어머니 밑에서 2녀 5남 중 여섯 째로 자랐다. 어려운 가정환경에서 보살핌을 제대로 받지 못했고, 청소년기에는 방황도 했다. 고등학교도 자퇴하고 방황의 시기를 거쳤으나, 친구들의 도움으로 검정고시로 고등학교를 졸업했다.

C씨는 군대를 다녀온 후 우연한 기회에 대기업에 입사했다. 천성이 낙천적이고 활력이 넘쳤는지라 잘 적응하지 못한 학교와는 달리 회사에서는 과정까지 진급했다. 고졸이라는 학벌 때문에 진급에 문제가 생기자 야간대학을 다니는 등 최선을 다했다. 그러나 경기가 안 좋아지자 회사는 정리해고를 시작했고 C씨는 명예퇴직했다.

퇴사 후 그는 동생이 하던 육가공 사업을 같이 하게 되었다. 그의 동생은 고등학교 졸업 후 줄곧 육가공업을 해온 베테랑이었다. 그러나 고기 가공업에 대해서만 잘 알지 경영에 대해서는 잘 몰랐다. 그래서 총매출에 비해서 사장이 가져가는 돈이 너무 적었다.

대기업에서 일했던 경험이 풍부한 C씨는 이 회사의 문제점을 파악하기 시작했다. 문제는 판매를 담당하는 사원들이 고기를 빼돌리는 것이었다. 사장은 판매처의 번호조차 알지 못하는 상황이었다. 사장은 죽어라 고기만 가공하고 실제 이익은 판매 사원이 보는 구조였다. C씨는 소사장제를 도입했다. 이 회사는 대형마트의 육류 코너를 운영하기도 하고, 납품도 하고 있었다. C씨는 운영하거나 납품하는 담당자가 전체 매출의 얼마만 회사에 입금하고 나머지는 가져가는 제도를 실시했다. 그러자 판매 사원이나 마트 육류 코너 소사장들은 고기를 빼돌리지 않고 열심히 매출을 올리려고 노력했다. 그전에는 출퇴근 문제로 불평을 하거나 영업 이익이 적다고 불평하던 사람들이 자신의 사업체가 되자 열정적으로 일하기 시작한 것이다.

이후 회사가 운영하는 대형 마트 육류 판매점은 60여 곳으로 확장되었고 회사는 수익이 높아지고 안정되었다. C씨는 수익금으로 가공 과정에서 발생할 수 있는 안전이나 위생 문제를 해결하는 데 투자했고 시설을 보강했다. 그리고 맛있게 고기를 가공하는 방법을 연구한 결과 회사는 더욱 번창하게 되었다.

② 중소기업 직원이 노벨 물리학상을 받다

나카무라 슈지는 캘리포니아 공과대학교 교수로, 청색 LED를 개발해 LED 조명의 시대를 연 업적을 인정받아 2014년 노벨 물리학상을 수상했다. 그런 엘리트 중의 엘리트인 그의 이력은 다소 초라하다. 1993년 청색 LED 개발에 성공할 당시 그는 명문대가 아닌 도쿠시마 대학교의 학부와 석사 과정만 마친 상태(그는 이듬해인 1994년에 박사 학위를 취득했다)였고, 연구한 곳도 연구비 지원은 꿈도 꿀 수 없는 당시 지방 중소기업이던 니치아 화학공업이었다. 이러한 열악한 환경에서도 나카무라 슈지를 비롯한 일본 과학자들이 정교한 실험을 통해 결국 청색 LED를 만들어 냈다.

백색의 LED를 만들려면 빛의 삼원색인 적색, 녹색, 청색을 섞어야 하는데 그중 청색이 문제였다. 1964년 적색 LED가 개발된 이후 황색과 녹색 LED가 개발되었지만, 파장이 짧은 청색 LED를 개발하는 것은 이전까지 난공불락의 장벽이었다. 그래서 청색 LED는 램프 기술의 혁명이라고 불린다. LED는 작고 가벼우며, 백열전구보다 훨씬 밝으면서도 전력 소모량이 적다. 백열전구가 와트당 15루멘, 형광등이 70~80루멘인 데 비해, 백색 LED는 300루멘에 이르는 것을 보면 청색 LED 발명의 위대함을 알 수 있다.

나카무라 슈지는 어떻게 내로라하는 세계적인 연구자들을 제치고 청색 LED를 개발해 냈을까? 그 비결은 서툴러도 자신의 관심 분야에 모든 힘과 혼을 쏟아붓고 자신만의 방식을 밀고 나간 데 있었다.

앞서 C씨는 학교에서 공부를 잘하지는 못했지만 자신의 경험에서 얻은 지식을 다른 분야에 적용하여 수익을 창출했다. 다시 말해 그는 사업을 하는 방법을 연구한 것이다. 이제 C씨는 회사에 완벽한 시스템을 만들었기 때문에 회사는 자동적으로 운영된다. 중간에 문제가 될 만한 것들만 점검하고 회계 문제를 살피면 된다. 제2의 인생을 살게 된 C씨는 당구장을 오픈한 후 대리인에게 운영을 맡겼다. 그리고 이익금 중 한 달에 200만 원만 회수한다. 또 인근 상가에 정육점을 오픈해서 역시 대리인에게 영업을 맡기고 자신의 회사에서 육류를 공급한다. 그리고 이익에서 월 150만원씩 받는다. 자신의 수익도 올리고 회사의 수익도 올리는 셈이다. 마지막으로 그는 공장형 아파트에 투자했고, 월 250만원의 세를 받는다. 그렇게 월급 이외에 총 600만 원의 수익을 올리고 있다.

나카무라 슈지는 어려움을 원동력으로 이용했다. 대기업에서는 연구자를 돕는 인력들이 많아서 실험에 필요한 기기를 설계하면, 그에 맞게 제작해 준다. 이와 달리 그의 직장은 중소기업이기에 모든 실험 준비를 본인이 직접 했다. 열악한 환경에서 설계부터 제작, 실험까지 혼자 해야 했다. 실험이라는 것은 한 번에 성공하는 경우는 거의 없다. 중간에 여러 번 장비를 재설계하고 제작하기가 일쑤다. 대기업이라면 이 과정에서 연구팀과 제작팀 사이의 의사소통에 시간이 꽤 걸릴 테지만, 나카무라 슈지는 직접 설계와 제작을 했기에 실험에서 오류가 나면 즉시 장비를 고칠 수가 있었다. 따라서 정교한 실험이 가능했다.

바로 여기서 나카무라 슈지가 말하는 '생각하는 힘'이 만들어진다. 연구의 전 과정을 스스로 하지 않았다면 생각하는 힘 또한 길러질 수 없었을 것이다 인공지능 시대에는 어떤 사람이 필요할까?

학습은 엔트로피를 낮아지게 한다. 조직화된 지식이 세상을 바꾸기 때문이다. 그런데 지식을 가지는 것으로는 현상 유지밖에 하지 못한다. 이 지식을 바탕으로 생각할 수 있어야 비로소 세상을 바꾸는 힘을 가질 수 있다. 생각할 수 있다는 것은 지식을 통합하여 새로운 의미를 창출할 수 있는 것을 말한다. 즉 연구할 수 있는 능력이다.

모든 것이 디지털화되고 인공지능이 세상을 변화시키는 세상에서 우리가 생존할 방법은 무엇일까? 인공지능으로 무장한 디지털 기기를 활용하여 이성의 기능을 더욱 강화할 방법을 찾는 것이다. 과거에는 단순한 작업을 통해서 새로운 지식을 창출할 수 있었으나 이제는 단순한 것들은 기계가 다 해 준다. 따라서 단순 작업을 통해서 만든 지식은 더 이상 유용하지 않다.

이제는 미래를 디자인할 수 있는 능력이 필요하다. 기계, 가구, 집, 음식, 생활 패턴, 사고방식 등 디자인의 대상은 무궁무진하다. 세상에

널려 있는 지식을 이용해서 생각하고, 의미 있게 구조화시키는 능력이 필요하다. 지식을 습득하는 것도 중요하지만 흩어져 있는 지식을 통합하여 편집하고 새롭게 디자인하는 능력이 필요한 것이다.

무에서 유를 창조해 내는 것이 아니라 기존의 것을 변형해서 상황에 맞게 만들어 내는 것도 창조다. 이제는 모두가 단순 노무자가 아니라 감독이 되는 것이다. 이것이 인공지능이 탑재된 디지털 시대에 갖추어야 할 능력이다.

미래의 인간 신체

최근 이십 대와 삼십 대가 A형 간염이 많이 걸린다고 한다. 1970년 이전까지 A형 간염은 크게 문제가 되지 않았다. 어린 시절 자연스럽게 면역이 생긴 사람들이 대부분이었다. 그러나 1980년 이후 위생 상태가 좋아지면서 어릴 때 면역이 생기지 않은 이십 대와 삼십 대가 A형 간염에 걸린다. A형 간염 예방접종은 1990년대에 개발되었는데, 이때 예방주사를 맞은 십 대는 A형 간염에 잘 걸리지 않는다. 인간 생명을 위협하는 박테리아와 바이러스의 변종은 계속 생겨나고, 인간은 점점 약물에 의존하게 된다. 사실 자연적인 면역력을 지니고 있어야 새로운 바이러스를 이겨낼 확률도 높다.

영화 〈월E〉에서 인간은 환경오염으로 파괴된 지구를 버리고 거대한 우주선을 타고 우주를 떠돈다. 사람들은 자동화된 휠체어에 앉아서 기계에 지시만 하고, 스스로 걷지도 못한다. 이것이 먼 미래의 일일까? 원래 아이들은 놀이를 통해서 성장하고, 위험을 관리하는 능력을 키운다. 조금 위험한 놀이를 통해 다치기도 하고 아픔을 느끼면서 창의력도 생긴다. 하지만 요즘은 아이들도 더는 신체를 이용한 놀이를 하지 않는다. 오죽하면 놀이 전문가들이 만든 놀이터 이름이 '위험 놀이터'일까. 아이들이 인지하거나 극복할 수 있는 위험은 살리고, 깨진 유리병이나 낡은 놀이터 구조물 등은 없애야 좋은 놀이터라고 한다. 예방의학을 통해서 '위험(Risk)'은 줄이더라도 적절하게 자연에 노출하여 극복할 수 있는 몸을 기르는 것이 미래 인간의 모습이 되어야 할 것이다.

에필로그

세상을 보는 통합적인 눈, 빅히스토리

이 책은 '세상이 움직이는 원리'를 탐구한다. 너무 거창하다고 생각할 수 있다. 그러나 꼭 그렇지만은 않다. 왜냐하면 사람마다 바라보는 관점이 다르기 때문이다. 세상을 움직이는 원리는 백인백색(百人百色)으로 세상에 존재하는 사람만큼 많다. 그래서 여기서는 보편적인 기준에서 세상을 바라보는 한 가지 방법을 소개한다.

이 책의 바탕에는 빅히스토리라는 신생 학문이 깔려 있다. 빅히스토리는 호주 매쿼리대학교의 데이비드 크리스천이 처음 만든 개념이다. 기존 역사는 인간 중심이다 보니 자신의 나라, 민족의 관점에서 서술하여 객관적이지 못하다. 이에 빅히스토리는 분석 대상을 인간에서 우주, 생명으로 확대하고 다시 인류의 역사에 통합하는 작업을 한다. 우주가 탄생한 빅뱅에서 현재와 미래까지 조망하는 작업이다.

데이비드 크리스천은 이 작업을 위해서 객관적인 기준이 필요하다고 생각했다. 그래서 모든 사람들이 인정하고 또 변하지 않는 열역학 법칙을 기준으로 삼았다.

열역학 제0법칙

더운 물과 차가운 물이 만나면 더운 물의 온도는 내려가고 차가운 물의 온도는 올라간다. 시간이 지나면 두 물은 같은 온도가 된다. 이것을 열평형이라고 한다.

열역학 제1법칙

사방이 막힌 고립된 계에서 온도가 어떤 에너지, 예를 들면 석유가 불에 탄다고 가정해 보자. 다 타버린 후에 석유가 가지고 있는 에너지는 사라져 버린 것일까? 그렇지 않다. 석유가 가지고 있던 에너지는 열, 재, 가스 등 다른 형태의 물질, 즉 에너지로 변한 것이다. 에너지는 사라지거나 생성되지 않고 형태만 변할 뿐이다. 이를 에너지 보전의 법칙이라고 한다.

열역학 제2법칙

사방이 막힌 고립된 계에서 온도가 높은 상태, 예를 들면 어떤 방에서 난로를 피웠다고 가정하자. 방의 온도는 영하 5도인데 난로로 인해 열이 주위로 퍼져 나가면 방 안의 온도는 높아질 것이다. 반면 난로의 온도는 내려갈 것이다. 그런데 주위로 퍼져 나간 열에너지를 다시 모아서 난로의 에너지를 높이는 것은 불가능하다. 이것을 엔트로피 증가 법칙이라고 한다. 엔트로피는 우리 나라 말로 번역하면 자유도(무질서도)인데, 난로를 처음 피웠을 때 온도가 높은 상태는 자유도(엔트로피)가 낮은 상태라고 할 수 있다. 그런데 시간이 지남에 따라 난로의 온도가 주위로 퍼져 나가는 것은 자유도가 높아지는 상태라고 할 수 있다. 다시 말해서, 석유나 석탄 같은 에너지를 쓰고 난 후에 다시 이것을 원상태로 되돌리는 것은 불가능하다는 것을 말한다.

열역학 제3법칙

난로를 피우고 계속 기다리면 난로는 차가운 방을 데우다가 결국 자신의 온도와 방의 온도가 같아지는 열적 평형상태에 이른다. 태초에 빅뱅 후 100만분의 1초일때 온도는 10조 캘빈(K, Kelvin)이었다. 여기서 K는 절대온도를 말한다. 절대영도는 이론적으로 최저로 내렸을 때인데 이때를 0캘빈이라고 하고 섭씨로는 -273.15℃이다. 빅뱅 이후 온도는 계속 내려가고 있으며, 엔트로피가 계속 증가해 결국 0캘빈에 이른다. 이를 열적 죽음이라고 한다.

태초의 우주는 빅뱅 이후 초고온 상태에서 팽창하면서 점점 식어 갔다. 초고온이라는 조직화된 상태에서 비조직화된 상태가 되는데, 우주를 지배하는 열역학 제2법칙에 반하는 엔트로피가 낮아지는 현상들이 나타났다. 바로 여덟 가지 조직화된 현상들이 나타난 것이다. (여기에 조지형 교수를 비롯한 한국의 연구자들은 성의 분화와 네트워크를 추가했다.)

① 빅뱅

② 별의 출현

③ 원소의 출현

④ 태양계와 지구의 생성

⑤ 지구상 생명의 시작

⑥ 집단학습

⑦ 농경의 시작

⑧ 근대 산업혁명

한 상태에서 다른 상태로 변화하면서 나타나는 이런 현상을 빅히스토리에서는 '임계 국면(threshold)'이라고 한다. 임계 국면에 왜 주목할까? 우주의 역사 중에 인간의 삶에 결정적인 역할을 한 사건들이며, 인간 중심으로 보지 않더라도 중요한 사건들이다. 그리고 각 임계 국면은 그다음 임계 국면으로 넘어가는 데 꼭 필요한 사건들이었다. 예를 들면, 농경의 시작은 집단학습이 이루어지지 않았다면 있을 수 없는 일이다. 따라서 임계 국면을 중심으로 학습을 하면 우주의 역사가 어떻게 흘러왔는지, 지구가 어떻게 변해 왔는지, 인류가 어떻게 발전해 왔는지 그 맥락을 과학적으로 알 수 있다.

빅히스토리의 필요성

천문학, 지질학, 생물학, 인류학을 각각 배우면 알 수 있는 것들을 굳이 빅히스토리라는 하나의 학문으로 묶어서 배울 필요가 있을까?

첫째, 현대의 학문은 너무 세분화되어서 그 전체 모습을 파악하기가 힘들다. 전체를 아는 것이 중요한 것은 지금 배우는 이 지식이 도대체 무엇을 위해 사용되는지 대부분 모르기 때문이다. 어떤 지식을 정확하게 배우는 것도 중요하지만 왜 이것을 배워야 하는지 아는 것은 더 중요하다.

둘째, 현실에서는 하나의 사건을 분석할 때 여러 분야의 지식이 적용된다. 그러므로 여러 분야를 서로 엮어서 사용할 줄 알아야 한다. 융합과학, 통합과학이 강조되는 이유가 바로 여기에 있다. 최근에는 자연과학과 사회과학, 인문학을 연결하는 학제간 작업이 강조되고 있다. 그런데 이렇게 지식을 엮는 방법에 대해서 가르쳐 주는 학문 또는 교과가 거의 없는 실정이다. 이러한 역할을 빅히스토리가 할 수 있을 것으로 기대된다.

셋째, 우리의 주장에 대한 신뢰성을 높이는 방법을 배울 수 있다. 밥

베인 교수는 데이비드 크리스천과 공동 집필한 『빅히스토리』에서 나 또는 타인의 어떤 주장에 대해서 신뢰성이 있는냐를 판단하는 것에는 네 가지 기준이 있다고 말했다. 직관, 권위, 논리, 증거이다.

일상생활에서 자신이 맞다고 믿는 것의 대부분은 직관에 의해서 판단된다. 주장의 신뢰성을 좀 더 높이려면 권위 있는 사람의 의견을 빌어서 말한다. 또는 모든 사람이 인정하는 문서, 예를 들면 사전의 내용을 인용하여 주장한다. 여기서 더 나아가 자신의 이야기들을 논리적으로 전개해 나간다. 마지막으로 증거를 제시한다면 자신의 주장을 가장 확실하게 내세우는 방법이 된다. 빅히스토리로 우리 주장의 신뢰성을 높이는 방법을 배울 수 있다.

임계 국면과 빅퀘스천

우주가 탄생할 때 엄청나게 높은 온도에서 출발하여, 팽창하면서 온도가 낮아지고 있다. 온도가 높은 상태는 엔트로피가 낮은 상태이므로 현재 우주는 엔트로피가 점점 높아지는 상태이다. 이러한 과정에서 드물게 엔트로피가 낮아지는 현상들이 만들어진다. 예를 들어, 별이 만들어지는 것은 에너지가 한곳으로 모이는 일이므로 엔트로피가 낮아지는 것이다. 생명이 탄생하는 것도 조직화된 구조가 만들어지므로 역시 엔트로피가 낮아지는 일이다.

앞서 말한 임계 국면이 엔트로피가 낮아지는 지점들이다. 임계 국면들을 잘 살펴보면 현재 우리가 공부하는 학문의 이름을 생각해 낼 수 있다. 빅뱅은 물리학 또는 천문학, 별의 출현은 천문학, 원소의 출현은 물리학 또는 화학, 태양계와 지구의 생성 천문학, 지구상 생명의 시작은 생명과학 또는 지질학, 집단학습(인류의 역사) 역사학 또는 인류학, 농경의 시작은 지리학 또는 인류학, 근대 산업혁명은 사회학 등이다. 각 임계 국면마다 한두 개의 학문만 짝지었지만 이외에도 많은 분야와 관련되어 있다. 임계 국면을 다른 말로 빅퀘스천(BQ, Big Question)이라고도 한다.

이야기를 엮어 내는 힘

세상의 학문은 도서관에 꽉 채워져 있는 책으로 비유할 수 있다. 각 책은 각기 독립적인 논리로 구성되어 있으며 그 논리를 증명하는 증거들이 제시되어 있다. 우리가 공부하는 이유는 세상이 왜 이렇게 돌아가고 있는지 아는 것이다.

지금 벌어지고 있는 일을 설명하려면 어느 한 가지 분야가 아닌 다양한 지식이 필요하다. 어떻게 하면 그 많은 지식을 현실 문제를 설명하는 데 유용하게 엮어서 이용할 수 있을까? 현실 문제는 물리, 생물, 심리학, 경제학 등으로 나누어지지 않는다. 지식을 따로 배우는 데 익

숙하다 보니 이것을 종합하는 것이 쉽지 않다. 이를 해결할 수 있는 방법 중에 하나가 지식을 엮는 연습을 하는 것이다. 지식을 엮는 것이 바로 스토리텔링이고 빅히스토리이다.

참고문헌

- 1장 -

1. 닐 슈빈(2015), 《DNA에서 우주를 만나다》, 위즈덤하우스

2. 데이비드 버스(2012), 《진화심리학》, 웅진지식하우스

3. 신근영(2017), 《사람은 왜 아플까》, 낮은산

4. 고상모 외(2013), 동아프리카 열곡대의 지질 및 광화작용, <한국광물학회지> 제26권 제4호

5. 한국광물자원공사 https://www.kores.or.kr/views/cms/hmine/eh/eh03/eh0301.jsp

6. 채수천 외(2009), CO2 저감을 위한 광물탄산화 반응의 연구 동향, <지질학회지> 45권 제5호

http://ecotopia.hani.co.kr/69951

https://www.youtube.com/watch?v=uLahVJNnoZ4

7. Maureen E. Raymo & Willam Ruddiman(1993), Cooling in the late Cenozoic, <Nature> Vol 361 14 January 1993

http://koreagenome.kobic.re.kr/people.html

http://www.agdcm.kr/map/search.do

http://news.donga.com/3/all/20110815/39540618/1

http://www.plus31arhitects.com/

http://www.mos-office.net/

- 3장 -

1. 현생인류의 특징은 이주와 혼합

http://www.ibric.org/myboard/read.php?Board=news&id=283148

2. 그 많던 말들은 다 어디로 갔을까

http://mdl.dongascience.com/magazine/view/S201208N012

3. 잉카와 아즈텍 제국은 교류가 없었다.
https://namu.wiki/w/%EC%95%84%EC%A6%88%ED%85%8D%20%EC%A0%9C%EA%B5%AD
4. 언어 기원 논쟁이 다시 불붙다
http://metas.tistory.com/162
5. 유럽인들은 언제, 어떻게 흰 피부를 갖게 되었을까?
http://www.seehint.com/print.asp?no=13715
http://www.sciencemag.org/news/2015/02/mysterious-indo-european-homeland-may-have-been-steppes-ukraine-and-russia
6. 쿠르간 가설
http://www.kyosu.net/news/articleView.html?idxno=31114
7. 쿠르간 가설 : 한 뿌리의 인연, 브라만교, 불교, 힌두교
http://pub.chosun.com/client/news/viw.asp?cate=&mcate=&nNewsNumb=20170524666&nidx=24667
8. 현생인류의 특징은 이주 & 혼합 - 순수한 유럽인이라는 건 없다
http://www.ibric.org/myboard/read.php?Board=news&id=283148
9. 유라시아어와 한국어의 기원
https://goo.gl/hv9n6W
10. 유전체 비교 연구, 고대 인류의 특성 밝힌다 : 얌나야인이 유당소화 능력이 있었다는 글
http://www.kyosu.net/news/articleView.html?idxno=31114
11. 아리안의 대 이동과 언어 : 말과 수레바퀴의 전파
http://blog.naver.com/PostView.nhn?blogId=joonghyuckk&logNo=110166024455&parentCategoryNo=&categoryNo=34&viewDate=&isShowPopularPosts=true&from=search
12. Wolfgan Haak etc, 'Massive migration from the steppe is a source for Indo-

European languages in Europe', bioRxiv, February 10, 2015
https://www.biorxiv.org/content/early/2015/02/10/013433
13. 'Steppe migration rekindles debate on language origin', Ewen Callaway, Nature, 18 Feb
http://www.nature.com/news/steppe-migration-rekindles-debate-on-language-origin-1.16935
14. 'DNA data explosion lights up the Bronze Age', Ewen Callaway, Nature, 10 Jun 2015
https://www.nature.com/news/dna-data-explosion-lights-up-the-bronze-age-1.17723
15. Peter de Barros Damgaard etc, 'The first horse herders and the impact of early Bronze Age steppe expansions into Asia', Science, 09 May 2018
http://aorigin.tistory.com/91

- 4장 -

1. 북극 가까운 런던이 서울보다 따뜻한 이유는?
http://newsteacher.chosun.com/site/data/html_dir/2014/02/10/2014021004403.html
The Gulf Stream Explained
https://www.youtube.com/watch?v=UuGrBhK2c7U
2. 대서양 해류 약화 매우 심각
https://www.sciencetimes.co.kr/?news=%EB%8C%80%EC%84%9C%EC%96%91-%ED%95%B4%EB%A5%98-%EC%95%BD%ED%99%94-%EC%8B%AC%EA%B0%81
3. 걸프해류
http://blog.daum.net/dlsgur6713/127
4. 영국에서 산업혁명이 일어난 이유
http://www.cidermics.com/contents/detail/1570

5. 러버덕 프로젝트 유래

http://www.fnnews.com/news/201410182119484681

- 5장 -

1. 코치닐, 붉은 염료에 관한 이야기

http://blog.daum.net/_blog/BlogTypeView.do?blogid=0FK0f&articleno=12031473&categoryId=460156®dt=20091118204527

2. 염료 비밀 얻기 위해 해적 동원

http://www.economyinsight.co.kr/news/articlePrint.html?idxno=828

3. 빨간색의 명화들 https://goo.gl/j2tQdY

-6장 -

1. 정천교(2018), 미래 의료용 나노로봇이 가져올 수 있는 해악 및 그 방지를 위한 입법적 개선방안 제언, 연세 의료·과학기술과 법 제9권 제1호, 2018.2.

2. 허용준 외(2011), 〈줄기세포의 개요〉, J Korea Med Assoc 2011 May;450-453

https://elifesciences.org/articles/31157

http://www.amc.seoul.kr/asan/healthstory/medicalcolumn/medicalColumnDetail.do?medicalColumnId=33994

http://www.gsrac.org/bbs/board.php?tbl=bbs31&mode=VIEW&num=2198&category=&findType=&findWord=&s_month=&s_year=&b_ex1=&b_ex2=&search_op=&sort1=&sort2=&it_id=&shop_flag=&mobile_flag=&page=10&PHPSESSID=8ab2cfcc1e608eeb9259799445659e1f

http://news.donga.com/3/all/20151030/74494870/1

http://biz.chosun.com/site/data/html_dir/2018/04/01/2018040101789.html

http://www.irobotnews.com/news/articleView.html?idxno=796

http://www.scinews.kr/news/articleView.html?idxno=570

- 8장 -

1. 고재형 저, 김형우·강신엽 역, 역주《심도기행(譯註 沁都紀行)》, 인천대학교 인천학연구원, p.156

2. 교동도 '평화와 통일의 섬'으로 재탄생

http://www.ohmynews.com/NWS_Web/View/at_pg.aspx?CNTN_CD=A0001996502

https://news.joins.com/article/21412671

- 9장 -

1. 유발 하라리 지음, 조현욱 옮김, 《사피엔스》, 김영사

2. 홍익희 외 지음, 《화폐혁명》, 앳워크

3. 영화 〈빅쇼트〉

4. 미국 경제가 왜 이렇게 되었을까?

https://dollartowon.wordpress.com/2010/10/23/24-%EB%AF%B8%EA%B5%AD-%EA%B2%BD%EC%A0%9C-%EC%99%9C-%EC%9D%B4%EB%A0%87%EA%B2%8C-%EB%90%98%EC%97%88%EC%9D%84%EA%B9%8C/

5. 38년 전 오늘, 수중 발굴 '보물선'에서 유물이 또 발견됐다

http://www.hani.co.kr/arti/culture/religion/854605.html

6. 경찰, '보물선 사기' 의혹 신일그룹 관계자 출국금지

http://www.hani.co.kr/arti/society/society_general/855599.html

7. [알아봅시다] 미 서브프라임 모기지 사태의 원인과 과정

http://www.dt.co.kr/contents.html?article_no=2008102302011857729001

8. [팩트체크] 울릉 앞바다 '150조 보물선' 5가지가 수상하다

http://news.chosun.com/site/data/html_dir/2018/07/18/2018071802284.html

9. 북미 대륙에 존재하는 엄청난 양의 오일 샌드(oil sands), 축복인가 재앙인가?

http://newspeppermint.com/2014/02/17/oilsands/

10. 지난해 풀린 돈 역대 최대...5만 원권 환수율 60% 육박

https://www.ajunews.com/view/20180330100410408

- 10장 -

1. 제러드 다이아몬드(2015), 《제3의 침팬지》, 문학사상, pp.324~326

2. 짐 알칼릴리 엮음·닉 레인 외 지음(2018), 《지구 밖 생명을 묻는다》, 반니

3. BOINC: 과학을 위한 컴퓨팅

http://boinc.berkeley.edu/download.php

4. SETI

https://ko.wikipedia.org/wiki/SETI@home

5. 행성퍼레이드

http://www.hani.co.kr/arti/PRINT/854119.html

- 11장 -

1. 소득과 수명과의 상관관계

http://news.mt.co.kr/mtview.php?no=2016041415114825990

2. 잘살수록 오래 산다...기대수명도 소득수준별 편차

http://www.docdocdoc.co.kr/news/articleView.html?idxno=1048180

3. 프랑스의 새로운 트렌드, 어디에서나 손쉽게 접할 수 있는 한식

http://kofice.or.kr/c30correspondent/c30_correspondent_02_view.asp?seq=15846&page=1&find=&search=&search2=

4. 우울증 통계의 역설…돈 많고 출세한 사람이 더 잘 걸린다

http://news.mk.co.kr/newsRead.php?no=585000&year=2014

5. 의사출신 신상진 의원 '존엄사법' 발의

http://news.mk.co.kr/newsRead.php?year=2015&no=557176

6. 존엄사법 시행 두 달 만에 3천274명 연명 치료 중단

http://www.yonhapnews.co.kr/bulletin/2018/04/05/0200000000AKR20180405133800017.HTML

- 12장 -

1. 나카무라 슈지(2015), 《끝까지 해내는 힘》, 비즈니스북스

2. 알프레드 노스 화이트헤드(1998), 김용옥 역안, 《이성의 기능》, 통나무

3. 홍익희·홍기대(2018), 《화폐혁명》, 앳워크

4. CDS 폭풍이 다가오고 있다

https://news.joins.com/article/3051669

5. 뒷고기를 아십니까?

http://premium.chosun.com/site/data/html_dir/2016/02/04/2016020402952.html

6. AI의사 왓슨, 정밀의료시대 열까

https://www.sciencetimes.co.kr/?news=%EC%99%93%EC%8A%A8-%EC%A0%95%EB%B0%80%EC%9D%98%EB%A3%8C-%EC%8B%9C%EB%8C%80-%EC%97%B4%EA%B9%8C

7. 한국 '실질문맹률' OECD 바닥권

http://www.munhwa.com/news/view.html?no=20050407010103270780020

PHOTO CREDITS
31p 야생 상태의 은여우 | 76p 수확기의 목화 | 97p 배아줄기 세포
131p 모기지론 | 155p 삶과 시간 | 181p AI와 일